"

生命浩浩连广宇

于无声处听惊雷

"

THE NEXT 500 YEARS

Engineering Life To Reach New Worlds

————

未来500年

迈向太空的生命工程之旅

————

[美] 克里斯托弗·梅森◎著　何万青 何佳茗◎译　肖杰◎审校

Christopher E. Mason

电子工业出版社
Publishing House of Electronics Industry
北京·BEIJING

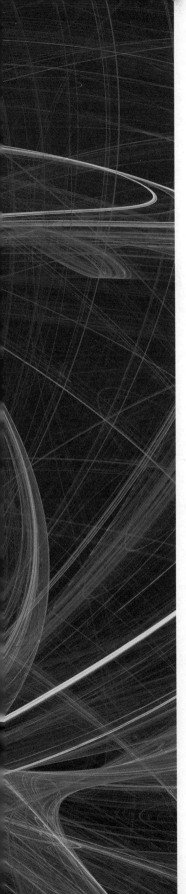

赞
誉

　　固然，并非所有人都能穿越星际，但这不妨碍我们集体仰望星空。

　　在元宇宙概念大火的当下，这部从生命科学角度思考、探索真实宇宙的作品着实让我耳目一新。虽然地球生命还能依仗太阳很多年，但人类如果不能离开地球成为多行星物种，我们的后代终究会面临末日来临的一天。如果光速仍然是恒定且不可突破的，如果我们造不出 1/10 光速的飞船，那么，即使去距离地球最近的可能宜居的类地行星，我们也必然要考虑在太空中完成生命延续，以及在新行星上完成生态环境改造的问题，甚至在地球上，当下争议最大的一系列技术，比如人造子宫、胚胎基因编辑和人类克隆，也面临着技术和伦理的双重挑战。人类如果真有一天可以在宇宙中穿梭，我们能否确保人性中的真善美同步传播？技术如何确保在星际中依然向善？这些问题或许现在还没有答案，但星夜给了我们黑色的眼睛，我们要用它去寻找光明。

——华大集团 CEO　尹烨

我是个研究生命现象的科学家，也是个资深的科幻迷。我小时候，最喜欢做的事情就是仰望星空，期待人类的文明高度发达，畅想着宇宙飞船飞向星辰大海，并与宇宙深处的文明建立连接。但等我真的成了一位职业生物学家，我才逐渐意识到这个设想实现起来多么困难。最大的障碍其实不在于宇宙航行和星际殖民的硬科技进展，而在于我们人类自身。人类是植根于地球40亿年进化历史，并且与地球生态环境唇齿相依的这么一个物种。我们的遗传物质、身体结构、免疫机能、大脑智能，乃至饮食、繁衍和睡眠的习惯，都和太空的环境格格不入。我想，如果有一天人类真的能走向星辰大海，我们可能首先要对人类这个物种的生物学特征进行深度的改造，让人类真正变成一种能自由栖息于星际间的生命。本书是我所知的一本就这个话题展开严肃科学讨论的罕见好书。作者不仅讨论了人们已经掌握的、关于人体在太空航行时会产生的各种生物学反应和应对方案，也展望了未来更大尺度的太空旅行需要改造的人体特征，以及相应的需要掌握的生物学技术。在我看来，这些讨论当然无法面面俱到地概括未来太空人类的所有细节，但可以为这些向着星辰大海的征程，提供一个科学上坚实、想象力丰满的讨论基点。

——浙江大学教授、神经科学家、科学作家　王立铭

讨论如何通过基因技术优化人类和其他物种，这是一个令人激动却又禁忌重重的话题。但如果换一种说辞，也就是如果人类移居到其他星球才能延续物种的存在，我们应该在基因技术上进行哪些思考和突破？关于这个话题，我们就可以畅所欲言了。同样的角度转换在历史上也曾有过，那还是在宗教裁判所不允许科学家讨论行星运动的年代，那时的哥白尼、伽利略等人只能声称自己的天文学成果是一种数学游戏而非现实。但我相信，本书中那些令人惊讶的思考都会渐渐成为实用技术。

——科学作家　卓克

五百年的时间对人的一生来讲，很长；五百年的时间从进化的尺度来讲，很短。如何在持续不断的几十代人的努力中，做到进化几百万年做不到的事——改造人类和生物，以使其适应星际旅行和外星生存，这是这本书的主要论题。这本书也许读起来像是科幻小说，又像是天方夜谭。但是，作者以翔实的第一手资料和最前沿的生物科技向我们保证，我们现在其实已经有了这样的能力，而且，我们必须马上行动起来，才能拯救人类和地球。宏伟的移民外星的五百年计划，从你打开本书的第一页开始。

——约翰斯·霍普金斯大学生物物理学与生物物理化学教授　肖杰

本书是人类从地球文明迈向星际文明的一场宏大叙事，通过已经预言和实现的一系列从微观世界到宏观世界的生物技术，人类得以拓展肉身的物理生存边界，冲破茫茫宇宙的重重阻碍，实现对星空的探索和漫游。从严谨的科学论证到浪漫的科幻畅想，作者向我们展现了史诗一般的未来人类进化历程，从个体生命的有限性中挖掘出了以自然或超越自然方式实现的，人类集体意志所推动的星际生命的无限延展。

——计算生物学家、圆壹智慧创始人、全球健康药物研发中心科学顾问　潘麓蓉

这是地球上一段格外凛冽的岁月。莱特兄弟发明飞机以来，日益"稠密"的人口流动遭遇大幅稀释，人类很多时候不得不携带关于自身某个基因片段的检测报告，才能登上来去匆匆的交通工具。于是，在生老病死、爱恨嗔怒之外，生命微观而又宏伟的一面以前所未有的可视方式呈现给世人。那就是，由基因排列所建构的生命，其密码可破译、可表达、可重组的生命。

投身航天这些年，我常常被问及一个基本问题：为什么要发展航天？除去政治、科技、经济上的种种理由，实际上，航天的终极使命是，要在茫茫宇宙中让人类作为一个物种得以延续。我的老友万青与他的女儿合译的这本书，讲述的正是为实现这一目标而设计生命、改造生命的愿景。我建议航天人都来读读这本书，

也许它会让我们在航天工程之中找到改造世界与改造自我高度融合的新维度。从这个意义上来说，我们自己，就是星辰大海。

——爱太空科技创始人、航天科普作家　白瑞雪

在约翰·斯卡尔齐的科幻小说中，未来人类在衰老后可以将自己的意识迁移到新的身体里，并加入军队，参与星际战争，但那只是科学幻想。本书所讲的则是实实在在的科学实验方案，其目的就是充分利用现有的先进生物技术对人体进行改造，以适应星辰大海的未来。不过，我个人更愿意看到将这些技术应用在维持和丰富地球现有生物的多样性上，这样我们就可以一直生活在这个美丽的星球，而不用流浪太空了。

——北京师范大学生命科学学院教授　窦非

梅森是航空航天医学和遗传学的先驱。在这本书中，他对宇航员在太空中身体（包括我自己的身体）发生的复杂变化进行了深刻的、分子层面的分析。他为未来 500 年的太空飞行和人类探索提供了令人备受鼓舞的愿景。

——第一代基因宇航员　斯科特·凯利（Scott Kelly）

本书对人类未来在太空中发生基因改变的可能提供了深刻见解。
——天文学家、畅销书《寻找太阳系外的行星》作者　莎拉·西格（Sara Seager）

梅森带领我们穿越太空和时间，以清晰的笔触探讨人类生物学的局限性及如何进行突破，以此来应对人类面临的生存风险。他对合成生物学及其对当今和未来的影响有很深刻的见解。

——哈佛大学医学院遗传学教授　乔治·丘奇（George Church）

本书描绘了人类未来令人惊叹的远景，建立在科学的基础之上，展示了前沿的科学发现和伦理框架。梅森在实验及计算基因组学方面不断取得进展，他揭示了生物学和工程学未来几个世纪令人兴奋的进步。

——麻省理工学院计算机科学、人工智能和基因组学教授
马诺利斯·凯利斯（Manolis Kellis）

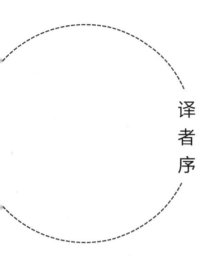

译 者 序

生命浩茫连广宇

我从出版社接到 *The Next 500 Years：Engineering Life to reach new worlds* 这本书的样章时，这本书尚未在美国出版。我问在约翰斯·霍普金斯大学读神经科学的女儿："你怎么评价这本书？"她答道："非常震撼！"

本书英文精装版于 2021 年 4 月上市。到了 2021 年 11 月，我和作者 Christopher Mason 博士第一次在 Zoom 进行了视频会议，Mason 博士给我发来了本书平装本的封面设计方案——在红色的火星暮霭中，一个宇航员面向星辰大海的背影。由于这本书的精装本大受欢迎，负责即将出版的平装本的编辑说："我们给橘色的空间增加了两个星球，看起来有趣极了，这本书一定能大卖！"据我所知，这是第一本将航天医学、基因组学和生物工程相结合的科普作品，作者 Mason 博士曾担任七个 NASA 任务的首席研究员。这本书以翔实的第一手资料和最前沿的生物科技为基础，把科学家的严谨务实和星辰大海的愿景通过 10 年、20 年、50 年、100 年的跨度铺开，铺陈每一个阶段面临的生物科学、宇航科学和围绕人类身体的诸多挑战和应对之道，其中的挑战远多于任何一部硬科幻作品中描述的内容。

在翻译这本书的过程中，我们发现，书中有大量关于生物信息学、基因组学和基因工程的专业论述，有很多是近些年来诺贝尔生理学或医学奖表彰的突破性成就，具备相当强的专业性。为便于读者阅读和体会到 Mason 博士在讲述过程中的故事性，我们添加了必要的译者注。在目录部分，我们用易于理解的比喻，帮助读者形成自己的故事逻辑，这一点在本书第 4 章，围绕 CRISPR 革命性的基因剪刀的论述中，表现得最为突出。在新冠肺炎疫情依然威胁着人类健康和公共卫生的当下，RNA 新冠疫苗的研发，让全世界更多的人了解到生命科学和生物制药的重要性。这个时候，阅读这本独一无二的"生命科学+宇航科学+500 年人类太空探索硬科学（幻）"著作，有助于读者在星辰大海的畅想中，系统学习现代生命科学和基因组学的相关知识。

难能可贵的是，这本书除了具备时间和宇航医学上的深度与广度，Mason 博士还拥有科学家宏大的人类共同体视野。2021 年 4 月，本书英文版出版，书中统计的全球发射的人造天体数目，尚未涵盖中国近两年发射的天宫系列飞行器。为此 Mason 博士承诺，一定会在下一版中对此进行补充，他还赞扬了中国宇航事业为火星计划带来的积极作用。在本书中，他在多处提及中国科学家在癌症 CAR-T 基因治疗方面的实践，华大基因的人类基因组计划，以及对"那个猛犸象"雕塑的赞叹。在视频会议中，Mason 博士表示，他非常希望能够来中国和同行们交流，讲述这个未来全人类的构想。

"我有十年的中国签证，我之前常去上海和杭州。"说这句话的时候，Mason 博士仿佛忘了我们都还身处疫情之下，而他可爱的女儿突然在视频中出现，从他后面做了个鬼脸。

感谢约翰斯·霍普金斯医学院生物物理学与生物物理化学教授肖杰，她拿到本书电子版全文后，对全文内容进行了批注、审校。感谢 Mason 的博士 Li Sheng 教授，他在百忙之中对部分章节提出了修改建议。拿到本书预印本的浙江大学王立铭教授，看完后和我说："Fantastic，我正计划写一本与本书讨论的话题类似的书。"王立铭教授在得到上的系列医学课和《巡山报告：如何理解一种全新疾病》都非常精彩，我非常期待这本书能催生更精彩的内容。华大集团的 CEO 尹烨博士阅读完本书预印本电子版后，第二天一早就洋洋洒洒写下"在元宇宙概念大火的当下，这部从生命科学角度思考、探索真实宇宙的作品，着实让我耳目一新"的赞誉。本书的其他几位预读推荐人，科普作家卓克、计算生物学家潘麓蓉博士、爱太空科技创始人、航天科普作家白瑞雪，以及北京师范大学生命科学学院教授窦非，分别从科普、宇航科学和生命科学的专业范畴，给出了专业的点评。在流量经济的阅读时代，我们坚信，一本严肃、有趣、烧脑的科学著作，更需要专业的解读和推荐。

这本书是我和在美国约翰斯·霍普金斯大学就读的女儿，隔空合作翻译的第二本书。我们既是翻译者，也是受益的读者。对我而言，高性能计算和人工智能的结合，对生命科学中药物发现和基因组科学具有推动作用，需要更系统地理解未来人类自身和生命科学的挑战，而女儿所学的专业刚好属于生命科学的范畴。我们合力将这本烧脑、专业、有趣的书翻译出来，相信这本书无论对国内生命科学、航天科学还是科幻领域的读者来说，都能产生一种可遇而不可求的阅读体验。

　　本书的编辑曾问我："如果用一句话推荐本书，您会选择哪句话呢？"我想起了自己 2014 年第一次在 HPC China 上分享"三体和高性能计算"时引用的那个出自鲁迅先生的句子，于是，我改动了其中的两个字：

　　生命浩茫连广宇，

　　于无声处听惊雷！

何万青

2022 年 2 月 20 日

于北京冬奥会闭幕式之夜

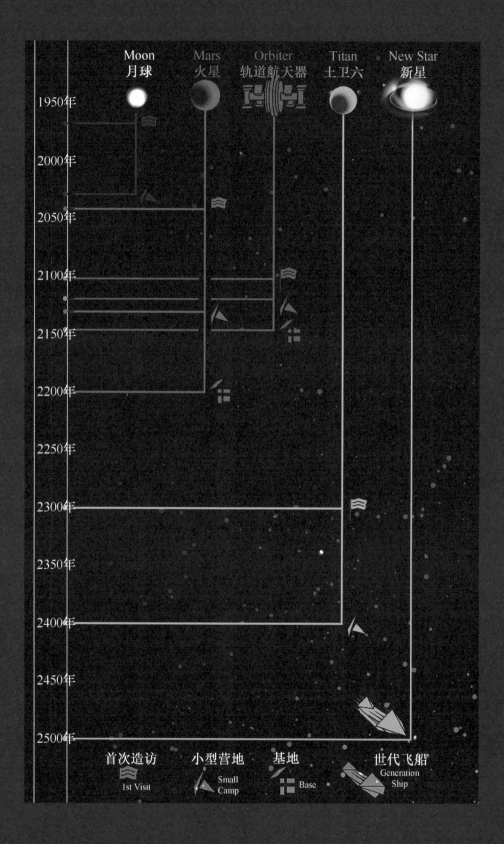

目
录

THE NEXT 500 YEARS

按天体位置计划发射任务

	2020年	2030年	2040年	2050年	2060年

系外行星
Starshot [Launch] ... [Arrival] [Signal Returns]
[Launch] [Complete] ARIEL (Atmospheric Remote-sensing Infrared Exoplanet Large-survey)

外层行星
[Launch] ... [Complete] Ice Giants
[Launch] [Arrival] Dragonfly
[Launch] [Arrival] Europa Clipper
[Launch] [Arrival] [Orbit Ganymede] JUICE (Jupiter Icy Moons Explorer)

小行星
[Launch] [Complete] Fast
[Launch] [Arrival] [Completion] Psyche
[Launch] [Inner-Main Belt] [L4 Trojan Cloud] [L5 Trojan Cloud] Lucy
[Didymos Impact] [Hera Arrives]
[Launch] [Hera Launch] DART (Double Asteroid Redirection Test)
[Launch] [Return] OSIRIS-Rex

火星
[Launch] [Return] Mars Base Camp
[Launch] [Orbit] [Return] Martian Moons Exploration Probe
[Launch] Mangalyaan 2
[Launch Robotic Ships] [Launch First Crew] Starship
[Launch] [Arrival] Rosalind Franklin
[Launch] [Arrival] [Sample Retrieval] Moon Global Remote Sensing Orbiter & Small Rover
[Rover Arrives]
[Rover Launch] [Retrieval Launch] [Retrieval Rover Arrives] [Return to Earth] Mars 2020 (Perseverance Rover)
[Launch] [Arrival] [Completion] Hope

月球
[Launch Test] [Launch Crew] Russian Lunar Mission
[SLIM] SLIM (Smart Lander for Investigating Moon)
[Chang'e 5] [Chang'e 6 & 7] [Chang'e 8] Chang'e
[Artemis 2] [Artemis 4] [Artemis 6]
[Artemis 1] [Gateway] [Artemis 5] [Artemis 7] Artemis

低地轨道
[Launch] Gaganyaan
[First Tour] Space Tours

	2020年	2030年	2040年	2050年	2060年

◇ NASA　　　◇ 非美国政府　　　◇ 非政府组织

附图1　关于太空探索和人类定居的近期任务。任务按目标位置分组，包括低地轨道、月球、火星、小行星、外层行星、系外行星。航天任务的详细信息在每一行中都进行了突出显示

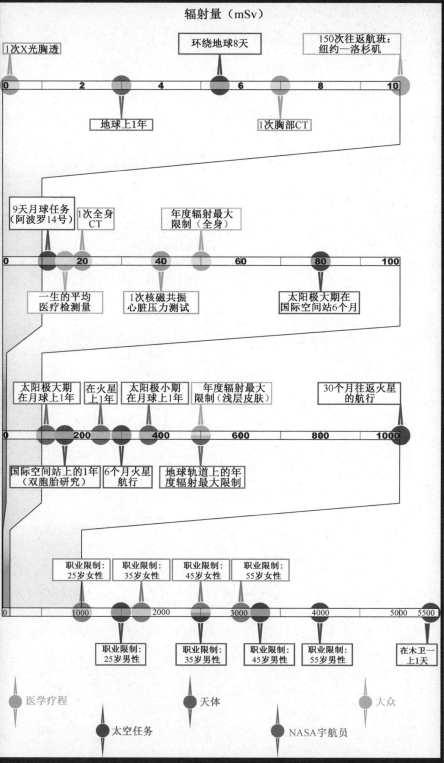

辐射量（mSv）

1次X光胸透

环绕地球8天

150次往返航班：
纽约—洛杉矶

0 2 4 6 8 10

地球上1年

1次胸部CT

9天月球任务
（阿波罗14号）

1次全身
CT

年度辐射最大
限制（全身）

0 20 40 60 80 100

一生的平均
医疗检测量

1次核磁共振
心脏压力测试

太阳极大期在
国际空间站6个月

太阳极大期
在月球上1年

在火星
上1年

太阳极小期
在月球上1年

年度辐射最大
限制（浅层皮肤）

30个月往返火星
的航行

0 200 400 600 800 1000

国际空间站上的1年
（双胞胎研究）

6个月火星
航行

地球轨道上的年
度辐射最大限制

职业限制：
25岁女性

职业限制：
35岁女性

职业限制：
45岁女性

职业限制：
55岁女性

0 1000 2000 3000 4000 5000 5500

职业限制：
25岁男性

职业限制：
35岁男性

职业限制：
45岁男性

职业限制：
55岁男性

在木卫一
上1天

医学疗程

天体

大众

太空任务

NASA宇航员

附图 2　辐射风险和辐射水平。对期限不同的任务和所需承受辐射的预估，包括医疗程序、对各
种天体的影响、具体的空间任务、NASA 推荐的宇航员限值，以及对地面辐射的相关
建议

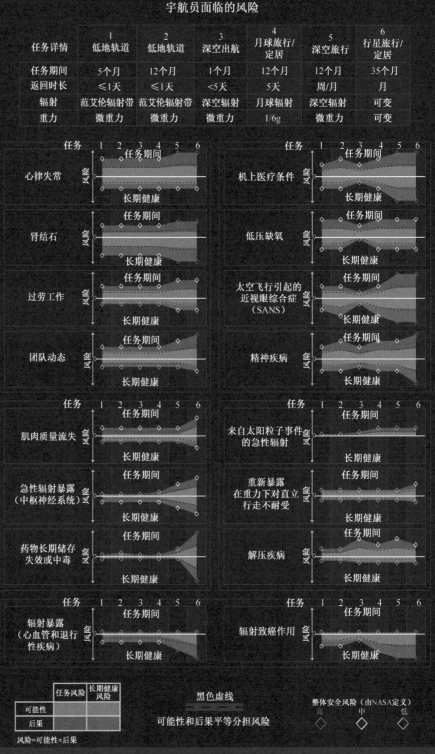

附图 3 宇航员面临的风险。根据不同的任务,按高、中、低对风险进行区分。涵盖任务 1~6 的
具体内容,以及宇航员将在哪里执行任务、执行任务的时间、健康情况等

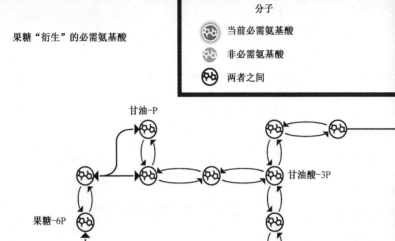

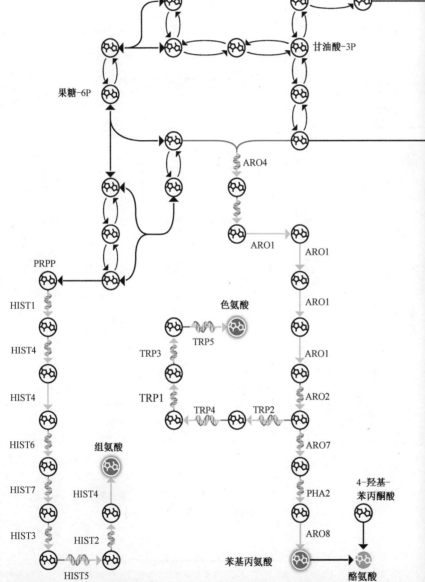

附图 4　人体氨基酸生物合成的途径和步骤：重新设计人体生物合成途径，以尽可能少的步骤生产所有氨基酸。黑线表示人类已经存在的步骤，蓝灰线表示源自其他物种的基因。没有外圈的绿色圆圈表示"非必要"步骤

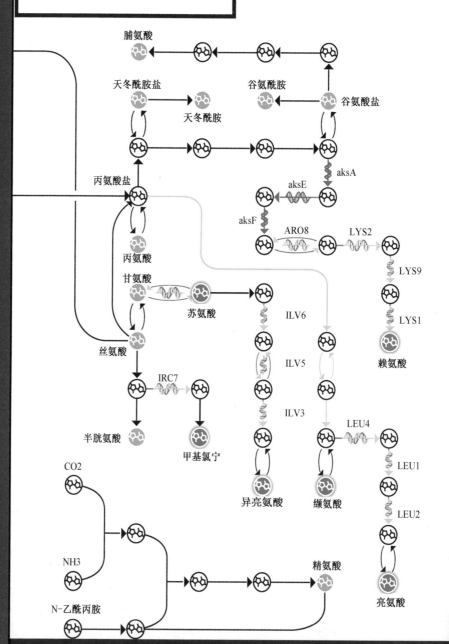

附图4 人体氨基酸生物合成的途径和步骤：重新设计人体生物合成途径，以尽可能少的步骤生产所有氨基酸。黑线表示人类已经存在的步骤，蓝灰线表示源自其他物种的基因。没有外圈的绿色圆圈表示"非必要"步骤（续）

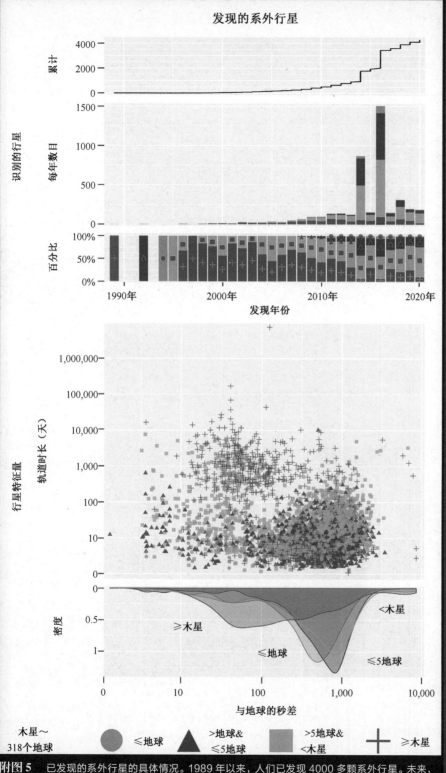

发现的系外行星

累计

识别的行星 · 每年数目

百分比

1990年　2000年　2010年　2020年

发现年份

行星特征量 · 轨道时长（天）

密度

≥木星

<木星

≤地球

≤5地球

0　10　100　1,000　10,000

与地球的秒差

木星～
318个地球

● ≤地球

▲ >地球&
≤5地球

■ >5地球&
<木星

+ ≥木星

Engineering Life To Reach New Worlds

附图5 已发现的系外行星的具体情况。1989 年以来，人们已发现 4000 多颗系外行星。未来，
我们可能会在这些行星上定居（注：冥王星在 2006 年被降级为矮行星，矮行星还包
括阋神星、妊神星、鸟神星和谷神星）

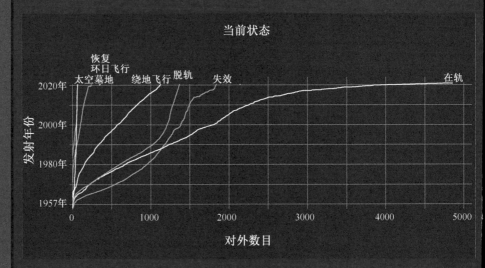

附图 6　发射到太空的物体数量和其目前的状态。例如，位于轨道，在轨道上减速，故意脱离轨道，位于地心轨道，已被回收，围绕太阳运转，处于静止状态

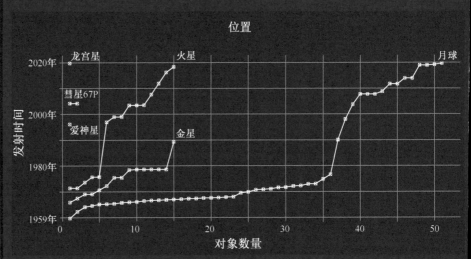

附图 7　发射到太空和地球以外的物体位置：1959 年以来，人们发现了月球、金星、火星、爱神星和龙宫星等

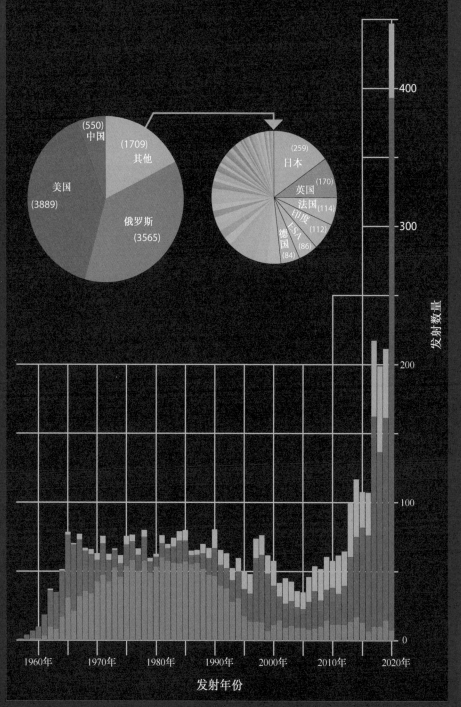

附图 8 发射到太空的人造物体数量。包括俄罗斯、美国、中国、日本、法国、印度、英国、德国、欧洲航天局（ESA）等

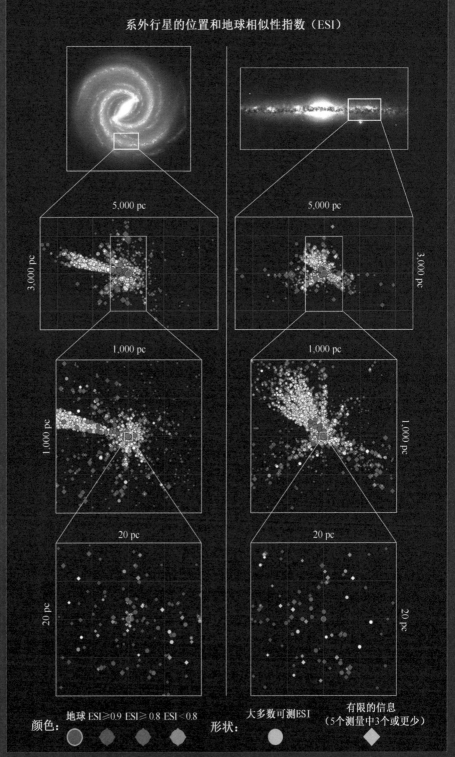

THE NEXT 500 YEARS

附图 9 所有确定的系外行星的位置和相似性。无论从银河系的顶部（左）还是从银河系的侧面（右）来观察，大多数可用于生成飞船定居的推定系外行星都在距离地球约几百帕秒（1 帕秒=3.26 光年，帕秒的缩写为 pc）的范围内。各种行星的 ESI 可以根据平衡温度、密度、太阳通量、半径和逃逸速度等指标来计算。最高质量的候选行星≥0.9，次级候选行星小于 0.9 但大于或等于 0.8，低质量的候选行星<0.8

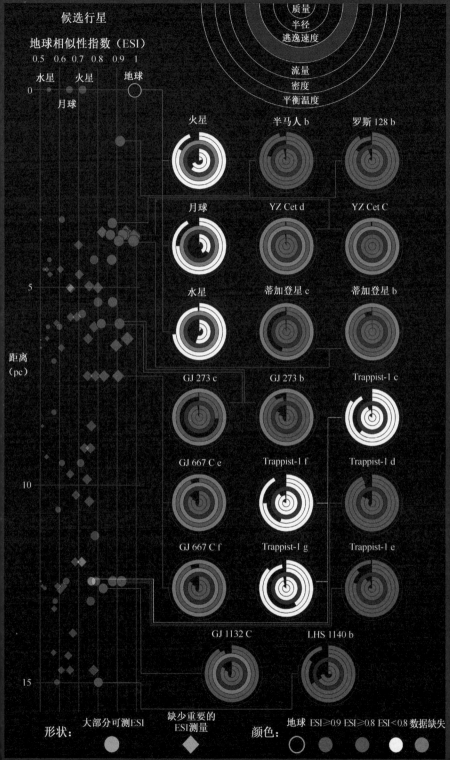

候选行星

地球相似性指数（ESI）

0.5 0.6 0.7 0.8 0.9 1

水星   火星   地球
月球
0

火星   半马人 b   罗斯 128 b

月球   YZ Cet d   YZ Cet C

水星   蒂加登星 c   蒂加登星 b
5

GJ 273 c   GJ 273 b   Trappist-1 c

GJ 667 C e   Trappist-1 f   Trappist-1 d
10

GJ 667 C f   Trappist-1 g   Trappist-1 e

距离
（pc）

GJ 1132 C   LHS 1140 b
15

质量
半径
逃逸速度

流量
密度
平衡温度

形状：   大部分可测ESI   缺少重要的   颜色：   地球 ESI≥0.9 ESI≥0.8 ESI<0.8 数据缺失
ESI测量

附图 10   基于位置和相似性的最佳细胞外世界。候选行星的 ESI 与它们和地球的距离。各种行星
的 ESI 可以根据平衡温度、密度、太阳通量、半径和逃逸速度等指标来计算。最高质量
的候选行星≥0.9（蓝色），次级候选行星小于 0.9 但大于或等于 0.8，低质量的候选行星
<0.8（白色）。圆形图中的填充行星示出对值，浅灰色表示数据缺失

引 言
人类的萌芽

　　人类大脑的每一个神经元中，都嵌入了遗传密码的共同祖先——脱氧核糖核酸（DNA），它们拥有保存所有生命复杂性和生命之美的独特能力，也蕴藏着用于构成人类身体、大脑和意识的分子配方。人类的梦想和技术，已然延伸至他们所处的第一个太阳系的行星与飞行器之外。本书的基本论点是，人类的天赋，也就是那种建造出造访其他星球的火箭的创造力，未来将应用于设计和塑造能够在其他星球上长期生存的生物体。

　　飞往其他星球的任务，以及构建行星规模的工程，是人类的必要职责，也是拥有独特认知与技术能力的必然结果。除了人类，其他物种不会注意到这件事，甚至不具备这样的能力，并有意识地维持代际稳定。据我们所知，只有人类能意识到整个物种有可能灭绝，以及地球的寿命是有限的。因此，人类是唯一能够积极评估和预防生物灭绝的物种，这不仅是为了我们自己，也是为了地球上的所有生物。这是一种非比寻常的能力。生活中的大多数职责，我们可以凭喜好选择，然而有一项职责不是。"灭绝意识"，以及避免灭绝的本能，在被人类所理解的那一刻，就被激活了。

这赋予了我们无可比拟的责任、力量和机会，我们因此成为宇宙的牧羊人，成为所有生命形式的守护者——这实际上是对宇宙的一种责任——保护生命。这意味着我们不仅要防止人类灭亡，还要防止那些与我们的生存状况息息相关的所有物种，以及可能被发现的正在或曾经受到威胁的物种的灭亡——包括所有现在的、未来的，甚至曾经出现过的生命形式（从灭绝状态恢复的）。这不仅是人类的责任，也是任何能够改良自身构造以避免宇宙末日的物种的责任。即使人类在遥远的将来无法继续存活，人类也会将这个责任传递给下一个有意识的物种——那必将出现的新物种。

无论数十亿年后谁能够存活下来（我们自己或其他生命），地球都不再宜居，因为太阳最终会过热，乃至吞噬地球，然后太阳会萎缩成一个白矮星，走向死亡。地球是我们目前已知的唯一家园，但如果我们止步于此，它终将成为人类的坟墓。因此，我们必须尝试在其他星球上登陆、存活并长期生活，以延续人类的使命。为了达成这个目标，我们需要用到人类目前所知的所有技术、物理知识、药物和医疗保护措施，这将是有史以来人类第一次部署基因防御措施。作为保护生命的道德责任的一部分，我们最终将需要对其进行改造。迄今，自然进化只在一个星球的环境中创造了生命——那就是地球的宜居区。未来，我们和其他生物都需要接受基因改造，才能够实现在其他星球生存的愿望，即使只是为了到达我们的下一个目的地。

把任何在地球上进化的生物送往其他星球，几乎都会导致其在一个无法适应的环境中走向死亡，这种自然进化计划是可悲的，因为我们只能依赖好运。好在，这个计划并非我们的唯一选择。如今，我们已经掌握相当多的知识与技术，足以帮助我们修改、调整和设计生命，以提高生物的生存概率，创造全新的生命适应性特征和机制。在进化过程中，产生了一种有机体，这种有机体不仅可以指导和设计自己的发展，而且可以指导和设计其他生命的进化路径。生命的这一"定向进化"阶段，借鉴了所有过去、现在和未来的遗传基质，是生命自身生存必不可少的一步。

为了拯救生命，我们需要改造有机体。值得注意的是，人类已经在无意中改造了生命、指导了进化。现在我们需要秉承前代的意志、方向和目的，继续推动任务的进展。数十亿年来，人类学到的全部遗传知识，让我们开发出许多非凡的新技术，这些技术都是本书重点介绍的。我们自己的 DNA 是由生命曾经的残片、当下的生命和正在进行的生命进化组成的。

然而，随着合成生物学的发展及 DNA 合成成本的下降，我们甚至可以思考如何使已灭绝的生物死而复生，以及利用嵌合生命或混合生命的手段，这一点也将在后文详细阐释。此外，通过研究极端环境下的生物（嗜极生物），我们可以学习新的机制，让地球上的外星生命得以生存。事实上，我们的实验室已经开展了相关研究，比如在人类细胞中加入缓步动物的基因。这些技术和新方法将使人类和其他生物能够在极端水平的辐射、温度或压力等恶劣环境中生存下去。

人类与生俱来的义务——保护生命——就像细胞分裂般自然。如今，人类就像单细胞胚胎一样脆弱。我们的确是有非凡潜力的胚胎，但我们仍然停留在母星的原始起步阶段。下一步，我们计划飞往附近的星球（如火星），建立人类的长期栖息地，从而确保我们能够为包括人类在内的所有生命体准备一个可行的备份计划。这将是一个高光时刻，届时，火星探险家会看见太阳落在尘土飞扬的地平线上，美丽的蓝色阳光透过稀薄的火星大气和尘土衍射出来。最终，将有两颗行星围绕着同一个太阳，它们都是我们的家园。

未来，物理和生物技术将不断发展，我们将把太阳系内的许多不同天体视为潜在家园。通过这种进步，我们拥有了在不同世界验证理论的能力。因此，预计在 2500 年，我们将向着人类的第二个太阳进军。一旦人类成为星际物种，将有能力设计出一个有效的"太阳系备份计划"，这将大大减少生命灭绝的可能性。不过，这个目标引出了新的问题。我们未来会飞向多少颗行星？我们如何挑选合适的目标行星？我们会飞向多远的距离？事实上，作为我们职责的延伸，只要时间足够长，一些终极的哲学问题最终会出现。例如，宇宙的无尽扩张，不可避免的内爆，以及人类如何去改变宇宙结构之类的问题，这些重要且有争议的问题都将在本书中进行详细探讨。

当我们要在改造生命和面对不可避免的死亡之间做出选择时，显然只有一条路可供选择。为了从灭绝中浴火重生，正确的做法是在基因、细胞、行星和星际范围内开展生命工程。这可以确保人类及其他生命存活，因为这些生命可能不会在下一个或任何一个宇宙中再次出现。人类独特的道德责任，是对宇宙和生命本身的责任。为了保护宇宙，我们必须改变宇宙。

要做到这一点，我们需要制订一个长期计划。本书将带你了解这样一个计划的前 500 年，其中包括从细菌、病毒乃至整个星球的知识，以及第一批挑战人类太空飞行极限的宇航员所得到的经验教训。

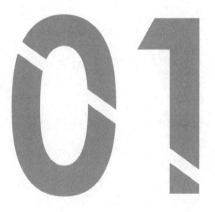

THE NEXT 500 YEARS

Engineering Life To

Reach New Worlds

第一批
基因宇航员

"整整 340 天，我的皮肤与世隔绝……触到任何东西，都像碰到火一样。"

——宇航员斯科特·凯利

闪亮的显示屏上挤满了分子、基因和心电图数据，我们挤成一团，眼里充满困惑和担忧。我们简直不敢相信自己所看到的。

"这是人体内见过的最高水平吗？"塞姆·梅丹（Cem Meydan）博士问道，"他是怎么活下来的？"

2017年12月的一个夜晚，在纽约市的威尔康奈尔医学院的遗传实验室，我们刚刚完成了对斯科特·凯利（Scott Kelly）上校所有分子数据（DNA、RNA、蛋白质和小分子）的综合分析。斯科特完成了美国国家航空航天局（NASA）所发布的历时最长的太空任务——将近整整一年（连续340天）的连续太空航行。斯科特的长时间太空飞行是NASA一项独特实验的一部分，该实验被称为双胞胎研究，利用同卵双胞胎宇航员（马克·凯利和斯科特·凯利）来研究太空航行之前、太空航行过程中，以及经历长达一年的太空航行之后人体所发生的变化。这项研究由十个美国研究团队合作完成。我们的实验室主要负责对遗传、表观遗传、微生物和基因表达进行分析。我们获得了斯科特在太空航行时的完备的分子和基因数据，这些数据被用来和马克在地球上同等时长的数据做比较。我们的主要任务有以下三个：第一，评估斯科特的身体在任务期间发生了哪些变化；第二，研究这些变化对火星任务的启示；第三，寻找降低其他宇航员未来风险的办法。

显然，斯科特的身体不喜欢重返重力世界。斯科特在他的那本

《耐力》中详细描述了这种不适感："我的脚踝肿得像个篮球。"接着，他以令人惊讶的平静口吻说道，"我觉得我得进急诊室了。"

尽管他很想去急诊室，但其实他对自己身体变化的根本原因一清二楚，这是由于他刚从太空重返地球。但是，即使他明白这些，也并不能让他的免疫系统更好受。他全身都出了疹子，特别是当他的皮肤触到任何东西的时候，甚至衣服的重量被重力拉到皮肤上这样简单的事，都会让他的身体受到严重刺激并产生明显的反应。我们能够从他的血液检测分子数据中看到这种免疫反应，尤其是蛋白质和 RNA（基因表达）的变化。但当我们盯着显示器时，我们感到有些奇怪：这种反应是正常的重力再适应的一部分吗？这种变化是否会影响飞往火星的计划？

"这是我见过的最高水平的炎症标记和细胞因子（*译者注：Cytokine 细胞因子，是一组蛋白质及多肽，在生物中用作信号蛋白。这些类似激素或神经递质的蛋白是细胞间沟通的信号。细胞因子多是水溶性蛋白和糖蛋白，分子量小）应力，"我说，"我们对数据要做三重检查。"

我们向 NASA 的斯科特·史密斯（Scott Smith）博士核对了数据，史密斯博士是双胞胎研究和其他宇航员生化分析部门的负责人，他确认这些数据是准确的。他还指出："这些数据远远超标了，是目前我们见过的最高水平。"保险起见，样品被分为一式两份，并且我们的测量结果和计算分析会放在一起相互验证。尽管炎症是人体对压力的正常反应，但斯科特重返地球后，其炎症标记上升到我们从未见过的高度（见图 1.1）。

具体来说，IL-ra1 是一种重要的天然消炎蛋白，其他细胞因子，如 IL-6、IL-10 和 CRP，在宇航员返回地球后，都会飙升到峰值。CCL-2 是一种细胞因子（离开细胞向其他细胞发出信号的蛋白质），可以使免疫细胞集结到受伤或感染的部位，也达到了最高水平。

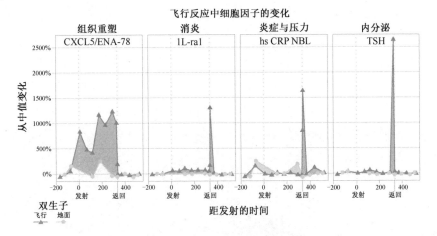

图 1.1 在双胞胎研究期间，研究人员将斯科特的细胞因子水平（黑色）与其留在地球上的双胞胎兄弟马克的（灰色）进行比较，发现斯科特的许多细胞因子发生了明显变化。图中虚线表示斯科特发射升空和返回地球的时刻，在整个分析过程中，它们均被归化为中值表达。在发射过程中，一些细胞因子水平升高，例如，在组织重塑中起作用的 CXC 基序趋化因子 5（CXCL5）。其他分子水平突增主要发生在返回地球的时刻，例如，白细胞介素受体拮抗剂 1（IL-ra1）和 C 反应蛋白（CRP），它们主要促进甲状腺激素（TSH）分泌

我们快速搜索了所有科学文献和医学期刊索引，想了解是否有人曾看到过接近这样一种峰值的情况，尤其是 IL-ra1 大于 10000pg/uL。对于 IL-ra1 水平，我们找到了一篇 2004 年的论文（作者是 Patti 等人），论文的主要研究对象是一名心肌梗死（心脏病发作）患者；至于 IL-10，峰值出现在刚刚从严重细菌感染（称为败血症）存活下来的患者身体中。

尽管如此，在种种不适的困扰下，重返地球的斯科特还是一头扎进了游泳池中，此后过上了正常的生活。但是，他的身体中并非只有这些（细胞因子）标记发生了巨大变化，他身体系统的组织（如血液和骨骼），甚至他的 DNA 和 RNA 也发生了改变。这是一个前

所未有的机会，我们能够观察他体内几乎所有变化，例如，遗传密码的每个核苷酸到细胞反应如何在他的整个身体上表现出来，并导致表型发生怎样的改变。对于所有宇航员来说，这些体检中的大多数项目的指标都是全新的，包括太空人的第一个完整的基因图谱（基因组）和其他身体特征（见图 1.2）。我们使用这些数据来研究人体内部结构在太空生存一年后到底发生了怎样的变化。

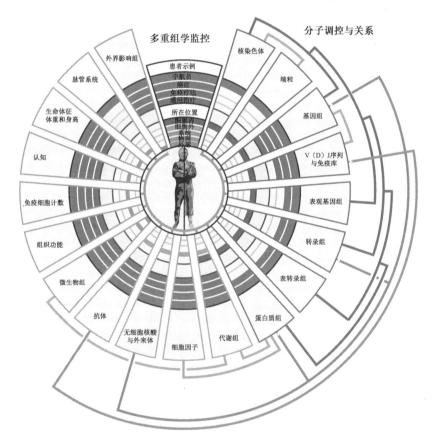

图 1.2　面向宇航员与临床诊断关系的多体监测平台：重点介绍了四个监测示例，包括宇航员、癌症患者、免疫治疗患者和普通患者。每个示例都突出显示了可用于定期监视和跟踪的不同组学数据。不同组学数据之间的分子相互作用表明，需要将所有测量结果整合到一个平台中

宇航员的基因损伤

我们首先研究了辐射的影响。辐射会破坏 DNA、细胞、蛋白质及细胞内所有调节机制。银河宇宙射线（GCR）和太阳高能粒子（SEP）大约以光速飞行，GCR 来自太阳系外的恒星，而 SEP 来自太阳本身，两者都是穿过斯科特身体的辐射源。这些微粒像微观子弹那样穿过人体，留下损害痕迹。GCR 和 SEP 是高能粒子，通常由质子、氦和高能离子（HZE 粒子，代表高[H]、质子/原子数[Z]和能量[E]的集合）构成。

在 1969 年至 1970 年，研究人员首次观察到宇航员所受到的这种伤害，当时尼尔·阿姆斯特朗（Neil Armstrong）在登月过程中在脚踝处贴了一块箔纸。在该箔纸上，可以看到 HZE 的粒子条纹导致传感器移位，像某个醉鬼在高能蚀刻图上刻出的鬼画符，或者像原子核加速器记录的原子相互碰撞的痕迹。只不过，在这种情况下，加速器发射的是 HZE 高能粒子。不幸之处在于，这个实验的对象是真正的人体。

通常，这些 HZE 粒子在白天难以发觉，它们可能会在意想不到的地方被发现。到了夜晚，当位于国际空间站的斯科特打算闭上眼睛睡觉时，他可以看到闪亮的条纹，仿佛眼皮后有流星划过。这些神奇的光，实际上是 HZE 粒子正在轰击他的视网膜细胞并穿过他的眼睛，产生的美丽但可怕的细胞损伤灯光秀。

基于这个报告，我们想知道在这么长时间的任务之后，将会在斯科特体内发现什么。最终，我们有几个意外发现。我们猜测，他的端粒可能会因辐射和太空飞行的压力而破裂并收缩。端粒是人类染色体的末端，通常会随着年龄增长而收缩，其长度的变化也与饮食和压力相关。随着端粒的消失，染色体会变得不稳定，这将加速正常分子的衰老进程。苏珊·贝利（Susan Bailey）博士主导了该研究，为检验这个问题，我们将我们实验室的部分 DNA 样本送到她的实验室，而她也给我们送来了一些样本，用于核验结果的准确性。

太空旅行的意外反应

与我们预期的结果相反，在太空中，斯科特的端粒变长了，这是一个很奇怪的现象。然后，我们对贝利实验室和我们自己的实验室的两个 DNA 样本集进行了三重检查，结果证实端粒确实延长了。这个现象在一种免疫 T 细胞中表现得最为明显（主要是 CD4+T 细胞，尽管在 CD8+T 细胞中也发现了证据），而在 B 细胞（CD19＋细胞）中，端粒延长的证据很少。总体而言，经过对多个样品的复制、提取，以及诸如 FISH、PCR 和纳米孔方法的检测，都证实了这些结果是正确无误的。

但接下来的问题是，这个现象是如何出现的，为什么会出现？为了弄清楚这一点，我们查看了收集到的其他数据。数据显示，体重减轻与端粒维持相关，在太空飞行的严酷条件下，斯科特的体重在执行任务期间确实下降了约 7%，他坚持日常锻炼、食用有营养的食品，并且不摄入酒精。在某些方面，他在太空中的生活比在地球上健康得多。此外，叶酸代谢也与端粒的维持有关，斯科特血液中的叶酸水平在飞行过程中也升高了，这揭示出了另一种可能性。在执行任务期间，飞行速度接近光速，他的身高增加了大约 5 厘米。

我们第一次报告这些结果时，一些人绷不住地嚷嚷："在太空会返老还童吗？去了太空还能增高和逆生长？"

也许吧。

　　首先，我们必须排除所有变量，并考虑斯科特的身体中还发生了什么变化。斯科特以接近光速的速度旅行，平均速度为每秒 7.68 千米，因此相关的计算要用到爱因斯坦相对论和时间膨胀效应。相对于其他参照系，时间膨胀发生在物体接近光速运动时，时间对于运动的物体来说流失得更慢。

　　这取决于输入到爱因斯坦/史瓦西方程中的几个参数，假设几个变量如下：

　　（1）$dr=0$（半径保持不变），$df=0$（保持轨道平面相同）；

　　（2）国际空间站的轨道速度为 7.68 千米/秒，轨道半径在地表上方 400 千米处；

　　（3）比较国际空间站上的斯科特（dt_{SK}）和地球上的马克（dt_{MK}）的时间差别。

　　完整的方程包括光度的坐标，光速和两个球体之间的引力度量，如下所示：

$$g = c^2 dr^2 = \left(1 - \frac{r_s}{r}\right)c^2 dt^2 - \left(1 - \frac{r_s}{r}\right)^{-1} dr^2 - r^2 g_{\Omega}$$

　　依此等式，太空中的斯科特比地球上所有人（包括他的双胞胎兄弟）都年轻约 0.1 秒。斯科特比马克晚 6 分钟出生，然而，在太空待了一年后，斯科特却比马克"年轻"了约 0.1 秒。尽管从技术层面来说，斯科特与留在地球上相比年轻了一点儿，但这不太可能是他端粒变长的主要原因。

　　之所以知道这一点，是因为我们看到了许多其他形式的生物学变化，如基因表达的变化（不同基因的开启/关闭或水平上升/下降）。每天都有成千上万的基因表达发生改变，因此在斯科特进入太空和重返地球之后，其基因发生变化也并非意外。他改变的基因表达包括那些负责 DNA 修复和细胞呼吸的基因，而他的免疫系统也被高度激活，他还首次在太空中注射了流感疫苗。此外，我们注意到了高碳酸血症的证据，这是血液中二氧化碳过多的一种现象，会使人头晕目眩、感到头痛。的确，斯科特在书中提到了这种烦恼。他指出，由于二氧化碳含量的变化，他时常感到头疼，每当空间站的二氧化碳洗涤器发生故障时，他的头疼得更厉害了。

我们查看数据后发现，空间站上的二氧化碳含量存在一些波动，但总体波动并不算大，这种程度的变化不应导致生理变化。我们必须寻找其他原因。事实证明，在零重力的环境中呼吸，与在地球上呼吸有很大区别。最大的区别是，在每次呼吸时，面部附近都会出现一小团二氧化碳云。除非宇航员有风扇或来回走动，否则这种二氧化碳云会一直停留在面部附近。因此，我们在斯科特的血液中及在其他宇航员的血液中看到的这些东西，就是面部附近的二氧化碳云。

我们还研究了斯科特身体内微生物组的情况，诸如细菌、病毒、真菌和其他微型的非人类细胞。我们想看看太空飞行过程中微生物组发生了什么变化。我们使用斯特凡·格林（Stefan Green）博士、弗雷德·图雷克（Fred Turek）和玛莎·维塔泰纳（Martha Vitaterna）的粪便数据，以及我们自己从皮肤和口腔拭子获得的数据，来观察在飞行中物种比例的变化，特别是厚壁菌 F（Firmicutes）与拟杆菌属 B（Bacteroides）之间的比率。还好，微生物的多样性得到了保持，这是个好消息，并且它们最终恢复了正常，没有什么大不了的变化，微生物组并没有很大的危险。

但是，斯科特血液中的其他分子则表现出一些不同寻常的特征。线粒体通常待在细胞内部休息，并进行细胞呼吸，以确保细胞能真正呼吸并获得能量，这种线粒体在他第一次太空航行时激增，并涌入他的血液。正常人每毫升血液中会有 500 份线粒体 DNA 拷贝，但根据中平喜一博士和奥古斯丁·崔（Augustine Choi）博士的数据，斯科特的线粒体水平高达每毫升 6500 份拷贝。我们与杜克大学的斯泰西·霍纳（Stacy Horner）和南丹·戈卡莱（Nandan Gokhale）一起检查了斯科特血液中的 RNA，发现了更高水平的线粒体含量。

对于宇航员来说，这是一种全新的压力测试，不过这种压力测试此前在其他场景下出现过。在哥伦比亚大学，一些实验室研究了线粒体的极端变异，这是由安德里亚·巴卡雷利（Andrea Baccarelli）博士和马丁·皮卡德（Martin Picard）博士共同开展的研究。他们在地球上的个体中检测压力情况，研究、观测人们血液中 mtDNA 的变化。其中包括一项有趣的研究，研究对象要在一个满是陌生人的房间里演讲，研究人员观察到血液中 mtDNA 的峰值出现在发表演讲后。这充分表明，mtDNA 会在人们有压力、公开演讲、感到焦虑时出现。

但是，为什么人类细胞会释放能量？在这里，其他研究提供了有关太空飞行一年发生的变化的证据。英格尔松等人 2018 年发表的一篇论文表明，白细胞（淋巴细胞）可以排出其 mtDNA，这是引起免疫的一种方式。这些"DNA 网"是其他免疫细胞对抗感染或抵御细胞威胁提供的警告信号，这些网在太空中的作用与在地球上的一样。通过 NASA 的阿夫申·贝赫什蒂（Afshin Beheshti）和我们小组的研究，我们发现 mtDNA 应激与航天的其他 RNA 标记（包括称为 miRNA 的小 RNA）在多位宇航员身上均出现过。所有的这些意外发现，包括端粒、基因表达变化、低氧性微云、免疫应激、mtDNA 和炎症，都是迅速发生的，似乎是身体对太空飞行的意外反应，我们希望随着时间的推移，宇航员的身体能逐渐恢复正常。

回到地球

幸运的是，人体有关长期太空飞行所出现的反应，几乎都具有可塑性。虽然斯科特的身高增加了大约 5 厘米，但这种增高只是因为他的脊柱在太空环境中没有受到压迫，他的身高在返回地球的几个小时内就恢复到以前的样子了。另外，在返回地球的 48 小时内，斯科特的端粒已经恢复正常，而他的大部分血液和生理指标都恢复至正常范围内。从他的基因表达来看，在他返回地球后的 6 个月内，他的身体在飞行中发生的 91% 的变化都恢复了正常。

斯科特的大部分太空飞行诱导基因表达恢复了正常，但并非全部回到原来的水平。一些基因携带了在太空逗留时的"分子回声"，其在积极工作以修复 DNA 的损伤并维持 DNA 的稳定性。这些数据也与我们检查他的染色体是否断裂或损坏时所观察到的数据相符。即使回到地球，斯科特的身体仍表现出持续低水平的染色体颠倒和易位迹象，这表示他的染色体断裂了，不过这些染色体被不断治愈，被新的细胞所取代，并在基因上固定下来。

甚至在 6 个月后，一些基因的表达仍然处于被打乱的状态（并仍在适应中），我们将在后文展开介绍，讨论人类基因组工程的长期计划。基因表达数据显示了人体如何适应太空变化，以及有时不能完全恢复正常。这与斯科特所说的相符，他返回地球约七八个月后才感觉恢复了正常。此外，马蒂亚斯·巴斯纳（Matthias Basner）博士表明，斯科特返回地球后的认知速度变慢了。在我们与康奈尔大学的戴维·莱顿（David Lyden）合作的那项研究中，我们看到通常只存在于大脑中的蛋白质也出现在血液里，这些蛋白质与编码这些蛋白质的某些基因相匹配，这表明血脑屏障发生了变化。总体而言，这些分子变化为我们提供了指引，告诉我们哪些基因可能需要加速、减速或以其他方式改变，从而帮助我们完善太空飞行计划。

还有一些可以调整的生物学特征的线索来自细胞因子数据，特别是炎症反应标志物。斯科特着陆那天，一些炎症反应标志物（如IL-6）上升了数千个百分点，两天后上升得更高了。血液检查显示出炎症细胞因子激增，这一变化导致了极大的疼痛感，同时也很可能是斯科特出疹子的主要原因。这些猜想被斯坦福大学的特哈斯·米什拉（Tejas Mishra）和迈克尔·斯奈德（Michael Snyder）的细胞因子数据所证实。当我们检视一个生物时，其大多数功能都指向肌肉再生。简而言之，再次使用肌肉的痛苦迫使身体进行了大规模重组。在人类从太空返回地球的重大时刻，血液在尖叫："哦，该死的重力！我需要再次使用我的肌肉！"

火星的一个优势是，它的引力大约是地球的38%，在着陆火星时，人类较容易适应。从这些结果来看，我们能够在前往火星的旅程中存活，然后很可能在着陆之后有机会幸存下来，并开始建造一个崭新的，铁锈颜色的火星家园。

未来任务

双胞胎研究中有一个值得注意的事项：我们只有两名受试对象，他们是从单个胚胎衍生而来的，其中的一个人在太空的时间更长，因此这些结果只能十分有限地应用于其他宇航员。而且，宇航员居住于空间站上一年，其仍处在地球的磁层范围内，该磁层大约延伸到65000千米，可作为宇航员防辐射的防护罩。为了了解执行火星任务所面临的挑战，我们将其他任务与预期任务进行比较。宇航员在前往这颗红色星球的途中要承受大约300毫西弗的辐射，执行一次为期 30 个月的往返任务，宇航员大约要承受 1000 毫西弗的辐射（见图 1.3），大约是斯科特执行任务承受的辐射的六倍多。这令人忧心忡忡，目前已有一些方法可以解决辐射问题，我们将在后文展开介绍。

图 1.3　各种任务的辐射，以毫西弗为单位

如果不做防护，我们就要承受这些辐射风险。尽管我们已经在物理上、药理上和医学上对宇航员进行保护，但这些缓解辐射的措施仍需改进，我们还应进一步为他们提供其他保护措施。值得注意的是，基因工程是目前尚未应用于宇航员身体的一种生物防御机制（这种技术已经为地球上广大的患者提供了服务）。

基因防护

在其他星球（如火星）长期执行任务风险很高，人体将置于有着更高辐射的危险环境中，使人类吸收食物和正常代谢的能力更弱。因此，探索基因保护的措施很有必要。换句话说，如果我们能够了解所有物种的秘密，并提供一系列的基因保护措施，那么我们所做的将不仅是为了满足人类自身生存所需，还履行了人类固有的责任。我们在设计火箭和飞船的过程中竭尽所能来确保宇航员的安全，那么我们能为宇航员的身体内部提供一些保护吗？我们应该这样做吗？对宇航员进行基因改造是正确的吗？

其中一些抽象的问题在贺建奎身上变得具体，他使用 CRISPR 进行人类胚胎的基因改造，其中两个胚胎诞生于 2018 年。他秘密完成了所有工作，并误导了所在大学的机构审查委员会（IRB）。当他决定将经过基因编辑的婴儿带入世界时，引起了大众的愤怒回应。

将这样一个开创性的医疗技术推向世界的做法绝对是糟糕的——尤其是实验几乎在没有监督的情况下秘密进行——但这种设想不再仅仅存在于假设之中。现在的问题是：我们如何真正开始监管基因工程胚胎，确保不会出现问题。医疗领域有许多案例，但是要想帮助地球上的患者和未来的宇航员，我们需要更多的预测性医疗。科学家真的可以通过基因工程改造某些东西，并预测其所引起的后果吗？这应该是最好的对知识的测试吧。

"500 年计划"的初稿于 2011 年发布在我们实验室的网站上，那也是我们向 NASA 提交基因组和元基因组计划的第一年。那些在 2011 年似乎不可能实现的大多数想法，如今都已成为现实，现在我们能够轻松编辑和修改基因组及表观基因组。

该计划还代表着人们长期生存的希望和信念。我最喜欢的一点是，人类是已知的唯一能够真正制订 5 年、500 年、5000 年计划，并有能力理解多代计划的物种。几乎所有从这个计划中受益的人都会在计划的制订者去世后出生，这样的计划已经完备，可以像代代相传的奥林匹克火炬一样为后代服务，带来过去的光明和进步的希望，让希望继续点燃，让目光投向未来。

后续章节将阐述该计划的具体内容，包括基因组工程技术、哲学和道德伦理框架、生态系统、行星计划。这看起来很抽象，而且范围大到令人难以置信，但这种大规模的工程设计并非首次尝试。

实际上，火星将成为我们进行行星尺度的测量、建模和工程处理的第二个行星。2021 年，我们将在地球上实施这项行星规模的工程，以延续人类，并为下一代留下一个更好的星球。遗憾之处在于，要想实现这一点还需要进行大量的协调和规划。未来，我们需要以更高的精度实施生物工程，以发挥人类作为物种牧羊人和守护者的独特作用。这不再是我们是否可以设计生命的问题，而是如何去做的问题。如今，经过基因工程改造的生命已经存在于我们这一代人中，而这一技术也将继续完善，无论在 500 年、5000 年还是更加遥远的将来。

基因工程改造是人类与生俱来的责任，是确保物种延续所必需的技术。

THE NEXT 500 YEARS

Engineering Life To

Reach New Worlds

02

工程师的
职责召唤

"计划毫无用处，制订计划却必不可少。"

——怀特·艾森豪威尔总统

熵眼镜

利用名为"熵望远镜"的快速思维实验，可以很好地说明规划未来的必要性。请您环顾四周。如果您什么都看不到，那么请您动用想象的力量。集中注意力，想象一下从现在开始到 100 年后的世界，思考楼梯间、墙壁、天花板及其他物理实体在那时是否还能幸存。想象一下您最喜欢的衬衫或一双袜子能保存多久，再思考一下其他生物，如松鼠及其后代是否能够存活。打印纸、发光的屏幕、音频——它们在 100 年前存在吗？如果再过 100 年，又将发生怎样的变化？想想您所知的所有事物，再想想它们会如何变化。最后，请您暂停阅读，看看自己所在的环境，想象一下 100 年后的世界。

回过头来，您也许会发现"现在"才是更有意义、更舒心的时刻，但我们也要保持警惕。我们有太多事物可以去想象：衰减、自身的陨落、进化、运动和稍纵即逝的一切，你可以通过明确此刻、此时、此地的存在而欣慰。因此，就即时性而言，现下这一刻可能比未来任何时刻都更重要。也许你会惊叹于未来的无常巨变，但变化其实是好事。

作为一个有思考能力的人，您只是利用了展望未来的能力——而 100 年后的未来是您很可能无法体验的世界。据我们所知，这种预测未来的能力，是人类所独有的。这种能力激发了我们的创造力和智慧，并让我们对自身和所有生命的脆弱产生独特的认识。我们与地球上的其他动物有很多共同之处，如对生存的渴望，面临危险时战斗或逃避的本能，以及保护我们后代的责任。但人类是独一无二的，我们是唯一具有灭绝意识的物种。我们能够感受到灭绝的威胁，有能力预估灭绝的速度，还会因无法见到未来的后代而担心。这些思考是理解灭绝风险和避免灭绝的前提条件，也是最为必要的一环。如果我们采取行动，灭绝将只是一种潜在风险，而非命中注定的结局。

若我们不利用独特的能力来延续后代的生命，就将不可避免地丧失这种独特性。每个物种都有自己的独特能力，但人类是唯一可以保护宇宙中不可思议的生命多样性的物种。这种能力可以使人类走得更远，只要人类坚持探索不断膨胀的宇宙，就会发现其中存在无数个太阳，因此我们甚至可以保护那些将来会被发现的地外生命。如果你只满足于自己生活舒适，而不爱畅想未来，那也无须强迫自己。但是，我们生命的长度绝不应该成为我们思考的边界，我们的舒适圈远超未来 100 年。人类这种长远的思考能力，是一种非凡的天赋，必须在宇宙灭亡前充分使用。

蓝图

更重要的是，此前我们并未具备进行长远计划的能力。如今人类进入了新时代，世界发生了翻天覆地的变化。首先，这个时代的第一个重要转变是程度：在 20 世纪末，我们缺乏基本的工具去构想一项通过远征其他星球来保护人类的计划。我们对地球上生物系统的多样性还未形成清晰认知，这有助于培养我们对新环境的适应能力。过去，我们甚至不知道基因由什么构成，更别说人类细胞或其他物种中有多少基因了。现在，我们知道了成千上万种基因的动态，我们在许多物种中绘制了基因及其功能（功能基因组学）的图谱。我们拥有比以往更充足的基因数据，并且随着相关科学、文化、技术和计算领域的更多数据不断产生，我们手中的数据正在迅速增加。

这个时代的第二个重要转变是类型：探索地球以外的世界已经成为可能。然而，将人类送往月球或火星的想法，在 1903 年第一架飞机上天之前，还只是纯粹的幻想。1969 年，人类首次登陆月球。2004 年，第一个航天器（旅行者 1 号）飞出太阳系。曾经仅有少数人可以享受搭乘飞机旅行的快乐，但如今世界各地每分钟就有成千上万的飞机准备起飞。同样，从前我们的航天器数量很少，但现在世界上有越来越多的国家计划飞向月球、火星甚至更加遥远的星辰大海（见附图 1）。目前，我们计划在 2036 年在土卫六（Titan）表面降落小型直升机（蜻蜓号），而人类还将在同一时间踏足火星。21 世纪对人类而言，是一个最为特别的阶段。

这些任务说明人类有能力提前预想 100 年、1000 年、1 亿年甚至更多年的计划。如果我们希望延续人类的多样性（以音乐、艺术、科学、文学、工程、舞蹈等形式）及曾经和现在栖息于地球上的生命的多样性，我们就需要将地球生命范畴扩展到迄今所知的唯一家园之外。我们不仅不能抛弃当前的方舟——地球——还应增加我们赖以生存的方舟数量。目前，所有已知的生命都生存在一个非常脆弱的筏子上，正处在宇宙大灭绝的威胁中。我们保护生命的责任不仅限于我们自己，还包括多种生物体及其他生命形式，这种扩展通常称为"元物种"〔*译者注：metaspecies 元物种，是一个完全缺乏自体特征的物种，它可能（或可能不是）是其他物种的祖先。根据最常用的物种概念（生物、进化、表型、系统发育、生态、识别和凝聚力），元物种可以被认为是其他生物的祖先〕"全基因组"（*译者注：全基因组是为描述一个物种基因组而提出的概念，指同一细菌物种中所有菌株中全部基因的集合，而不单纯以某个菌株为一个物种的全基因组。需要使用泛基因组的原因是，水平基因转移造成不同菌株之间所拥有的基因相差甚大。泛基因组的英文是Pan-genome, Pan-来自希腊语词语παν，意思是"全部的"），有时也称为"整体生物"（*译者注：holobiont，完整的生物是宿主和生活在其内部或周围的许多其他物种的集合体，它们共同构成了一个离散的生态单元，但人们对此离散性意见不一。全球蛋白的组成是单个物种或生物体，而所有生物体的组合基因组是全基因组）。

要担起生命守护者的使命，人类就应运用自身独特的能力来捍卫生命，并担当所有生命的守卫者。生物的自主行为具有一个重要前提，那就是生存。任何人类的梦想、建筑、道德、艺术、制造、发明、创造、诗歌、合成分子、织物丝线，只有我们活着才能产生。无论你的优先级和目标是什么，都必须保证生存下去，才能将其付诸实践。责任就摆在我们面前，我们一起捧着沉重坚实的责任，只有我们才能看到地平线上的危险，只有我们才能拯救我们周围的生命。

要承担起对当前、过去和即将产生的生命形式的责任，我们就需要一个计划，该计划的跨度比太阳的寿命还长，这给了我们40亿年～50亿年的时间。但是，在此之前，任何末日性灾难随时有可能发生。例如，小行星可能会撞击地球，我们所有人都将因此灭亡。据估计，一场行星级的灾难事件实际上已经逾期——而这一预估甚至没有将人类自身对地球造成的伤害计算在内。但是，最大限度来讲，我们还有大约 40 亿年的时间，这段时间看似漫长却十分有限。

当前的太阳最终将耗尽燃料，并摧毁所有内行星：水星、金星、地球和火星将全部烧成焦炭。太阳会不可避免地步入红巨星阶段，抹去地球上的所有事物。除非我们找到一种方法来稳定逐渐崩溃的太阳，否则所有的技术、艺术、科学、文化创造都将被毁灭。因此，我们需要制订一项全球计划，以帮助我们将生存范围扩大到地球之外。

如果没有支持全球协调沟通的手段，任何全球计划都不可能实施。近年来，随着互联网和先进的交通运输方式的出现，我们被带入技术世界。人们将互联网连接设备所提供的即时通信视为理所当然。这种连通性导致了工业革命和新的信息时代，可以迅速建设或摧毁整个城市和国家。就像一个一只手拿着喷火器，另一只手拿着核引爆器的醉酒幼儿，人类偶然被赋予力量，这股力量可以影响整个星球的大气和国家规模的生态环境。这股力量脱胎于廉价的高碳能源，如今正威胁着我们的整个星球。尽管地球上的二氧化碳含量上升一直令人担忧，但这可能是文明发展进程中不可避免的趋势。现在，我们了解了这些技术如何对我们的星球产生负面影响，还拥有监测和传播这些技术（通过全球通信）的能力，因此我们不仅可以修复这些年来人类对地球造成的破坏，还可以在这个世界（及其他世界）上开始建设更好、更清洁的文明，以确保人类自身及其他物种的长期生存。

这一关键原则——尽可能多的生命形式和分子存活——涉及一种新的伦理学，即分子和基因伦理学。保护生命是人类的最高责任，其他方面的决定都会受其影响。

生存道义伦理

生存道义伦理学（Deontogenic）是一种新的伦理学，源于Deontology（来自希腊语 Deon，意思是"义务或责任"）和 Genetikos（来自希腊语，意思是"属相或生成"）。生存道义伦理学基于两个简单假设：第一，只有一些物种或实体具备物种灭绝意识；第二，生存是实现目标的基础——简言之，存在先于本质。因此，要想实现任何目标，有知觉的物种（也就是目前的人类）需要先确保自身和其他物种能够存活，因为后者是前者生存的重要基础。任何有意识维护生命分子（当前以核酸为基础）在不同时期的存在的行为，都被认为是符合伦理的，反之则被视为不道德。

生存道义伦理学与义务伦理学有关，诸如由伊曼努尔·康德（Immanuel Kant）发展的义务伦理学，但二者之间又存在一些区别。康德认为，一个行为是否道德是由该行为本身正确或错误来决定的，与其后果无关。康德要求人们在采取任何行动之前思考：如果人人都这样做会如何？若我的行为突然变成所有人的准则，世界会变成什么样子？义务伦理学通常被认为与功利主义伦理学的观点冲突，杰里米·边沁（Jeremy Bentham）和约翰·穆勒（John Mill）的伦理学属于后者，他们致力于为大多数人提供最大的好处。在功利主义伦理学中，结果通常比行动本身更重要。

但功利主义伦理学也面临着量化和应用方面的挑战。什么是善，又该如何去衡量它？如果有些情况在理论上来讲应该算是"更好"的选择，但实际上对普通人来说却带来了更糟糕的后果，又该怎么办？德里克·帕菲特（Derek Parfit）在《理由与人格》（*Reasons and Persons*）一书中指出，如果应用这些功利主义框架，将会导致令人厌恶的结论。例如，从理论上来说，拥有大量平均幸福感较低的人口，相比于拥有少量平均幸福感较高的人口而言，是更好的选择。还有一个既定的伦理原则会问什么是"公平"，而无关你的出身富或穷，这被约翰·罗尔斯（John Rawls）称为"无知的面纱"。然而，所有的讨论、辩论和理论框架的重要前提是生存。因此，保护生命的存在是最高的责任，是生存道义伦理学，因为它必然先于一切。

生存道义伦理学包括四个部分：第一，意识必须为了应用而存在；第二，长期生存依赖于将范围扩展至太阳系之外的计划；第三，长期生存还依赖于元物种，但这不仅仅是为了元物种；第四，元物种的需求和对元物种责任的保护，可能会取代个体的需求和愿望。虽然这看起来是对自由的一种侮辱——取消有意识个体选择的权利——但值得注意的是，我们已经通过其他"分子侵权者"失去了许多选择，包括强化小麦和面粉中的叶酸，食盐中的碘，水中的氯，以及强制接种疫苗。在所有情形下，在一个人获得资源前，资源就被分配好了。由于这个决定是为了所有人类的更大利益和长期生存，因此被视为道德的行动。

这种生存道义伦理学可以从根本上改变我们对地球上的许多事物、生命体、人和文化的看法。例如，在巴西、厄瓜多尔和其他热带雨林中，仍有一些土著居民，从未接触过现代世界。这些土著居民代表着人类最原始、最神圣的状态，值得我们研究、保护和理解，同时这也是一个寻找新的实践、语言、文化和物种分子的机会。但是，把自生文化留在亚马孙遥远而茂密的丛林中，让其自生自灭，实际上判了他们死刑。即便一个部落已经步入岁月静好而又远离战争的人类社会，他们也注定面临失败。几十亿年后，当地球被太阳吞噬的时候，如果他们还居住在这里，那么他们所有的知识、文化、语言和历史都将被永久抹去。因此，一些部落文明希望与其他人类文明保持距离的愿望，虽然在短期内看起来合情合理，但从长远来看其实是错误的，这是一种有预谋的群体自杀。

如果我们不在未来某个时刻飞离地球，人类终会灭亡，不仅仅意味着某一个部落文明的消亡，而是行星规模的消亡，地球上的所有部落和文化都无法幸免。值得注意的是，我们所拥有的意识、地质学和天文学知识证明，我们的确属于"自杀"，而非被灭绝或遭遇意外事故。因为人类的未来遭遇是已经预知的，也是可预防的。这相当于你坐在火车轨道上，你知道一列大型火车正从轨道对面驶来，而你只是在等待这件事发生。离开地球及前往其他星球定居所面临的技术、智力和工程上的挑战是巨大的，但这些挑战并非不可应对。如果几代人都有意愿把资源投入到这项工程之上，我们就能够应对这些挑战。不履行我们的责任是生存道义伦理学的失败，那么，为什么要对此说不呢？

星际移民批判

人们抵制移民其他星球，往往源自几个可预测的思路：唯我独尊、优先考虑、漠不关心，以及徒劳心理。

第一道阻力来自唯我独尊的自私主义，有人会说："我终有一死，为什么要替别人操心？"这个立场十分短视，违反了穆勒伦理学、康德伦理学、罗尔斯伦理学和生存道义伦理学，并且拒绝为后代承担任何责任。这种观点代表着一个不可持续的立场，若每个人都持有这种观点，那么所有人都将生活在一个局限或不存在的世界之中，抑或根本就不会有机会降生。

第二道阻力来自事务的优先次序，它常常被表述为："我们还有贫困、疾病和其他紧迫问题需要优先解决。"然而，解决疾病和其他社会问题，可以与建设太空新家园的研发目标同步进行，强行将这件事变成一道二选一的选择题是一种错误的二分思维。20世纪60年代，美国实施太空计划，人类登上月球，经济也实现了大幅增长，并没有被迫进行二选一。可见，同时实现多个目标显然是可能的。但当时，NASA将美国国民生产总值的4.4%用于这一目标，而如今这一数字大大减少，仅有0.47%。

第三道阻力是漠不关心，"这项工作和我没有直接关系，我不需要做任何事情"，这个观点也可能误导他人。开展太空项目的国家大多靠税收来支持空间生物学、火箭工程、航天后勤和宇航员所需设备等各方面的工作。因此，所有参与国的公民都已为这项事业做出贡献。此外，公民不一定非要密切参与一个国家或国际的项目才能受益，如联合国维和部队或世界卫生组织的全球疾病溯源工作。

第四道阻力来自对宇宙的看法，徒劳心理由此而生。人们可能会说："如果我们离开太阳，未来的某天我们也将不得不离开下一个太阳，然后再次离开。一而再，再而三，何处才是尽头？宇宙终结，我们不是都会死吗？"这个观点基于热力学第二定律，其中包含了最大的系统——宇宙。宇宙的命运取决于其中的总能量和物质，常规物质只占大约 5%，暗物质（27%）的密度和活性、暗能量（68%）是主要影响因素。尽管如此，在数万亿年后，这个将生存领地扩张到更多太阳系的计划，不会是我们的最佳选择。经过几百万年、几十亿年，甚至几万亿年的发展，星际旅行最终将像今天从纽约飞往巴黎一样，变成一件毫不费力的事情。在访问许多恒星，获得关于恒星形成和死亡的第一手数据之后，我们也许能够通过工程设计解决这个问题。但是我们能走到最后吗？人类的结局又将是什么？

目前人们的理解是，宇宙将以两种方式终结。方式一（可能性最大），由于宇宙无休止地膨胀，导致宇宙"大冻结"。行星相互分离，然后是细胞，然后是分子，然后是原子，最后，即使是非常非常古老的（10^{35} 年之久）质子之间也会因距离太远而无法相互作用。方式二，大坍缩，宇宙最终将停止膨胀，然后开始回落进自身。在这种情形下，宇宙的可见物质/能量变得足够密集，推动所有质量不断靠近，导致新的大爆炸。

除了面临尚未解决的技术挑战，我们还面临伦理问题。我们是否应该重组宇宙的基本原子和物理属性以保全生命体？如果宇宙此前已经经历过一次或几次大坍缩，该怎么办？也许这样的宇宙循环就是我们已知的这次大爆炸以前的事情，而生命可能在新的宇宙中再次出现。此外，在新的宇宙中，生命还有可能以更好的形式出现。如果我们阻止这种情况的发生，我们或许会损害生命的前景。我们又如何得知我们的决定会造成怎样的长期影响？

这个问题可以用生存道义伦理学轻松解决。人类是唯一具有灭绝意识的物种，因此，我们对自己和其他物种有管理的义务。一个无生命的宇宙比一个拥有不完美生命的宇宙更糟糕，因为那时将没有任何事物能保护宇宙及栖息于其中的生命，这个风险大到令人无法接受。如果保护行为本身并不损害其保护对象，那么采取行动才是最符合道德标准的选择。

此外，生命很可能无须终结。经过那么长的一段时间之后，人类（或我们的衍生物种、机器人）将与从前大不相同，而且可能变得更加高级。甚至那个时候（从现在起几十亿年或几万亿年后），我们可能有能力去测量、操纵并使用暗物质、时空或其他工具来改变宇宙的结构。这个数万亿年后的新时代，可能包括用于长距离旅行的时空折叠，以及在整个恒星、星系甚至整个宇宙的尺度上进行的物质操纵。

我们可能不得不面对这样的选择：要么让宇宙死亡，并期望生命能够重生；要么防止宇宙消失，并对其进行重组以保存生命。考虑到分子和生存道义伦理学，我们只有一个选择。如果我们要保护所有的生命，我们将不得不重组宇宙本身，以使其得以生存。

这种工程设计和保护生命的责任，在计划成型以后必须立即启动，而对教育、国家、家庭、宗教的责任，有时是可以推迟、调换甚至放弃的。但是对宇宙，以及对所有生命的责任，对人类来说是永远必要的，这一点对任何未来的物种或意识到这一责任的实体来说（由任何物质构成）都是如此。

THE NEXT 500 YEARS

Engineering Life To

Reach New Worlds

第一阶段：功能基因组学全貌
（2010—2020 年）

"什么是基因的哲学？是一种有效的哲学吗？太多的人接受一种哲学却不去怀疑这种哲学背后的起源。当一个人开始怀疑当前基因概念（大多数遗传学家）起源背后的因果时，则怀疑其有效性的时机就成熟了。"

——芭芭拉·麦克林托克

为了让地球生命能够像鸟儿第一次离开巢穴那样，离开自己的保护地（稳定的重力、磁场、大气层和气压）开始新生活，我们需要做出选择。

我们的第一个选择是，通过进化筛选出能够满足在新行星上生存所需的生理特征——自然选择。这基本上是一种"不论成败，沉浮全看自己"的求生模式，只不过没有救生员，而我们的脚上还绑着砖头。这种选择可能会逐渐起作用，但需要极长的演化时间，进程有可能十分缓慢，以至于毫无可行性。在条件最为严酷的新行星上，地球生物甚至没有繁殖的机会就死去了。

我们的第二个选择是，预先调整地球生命的遗传过程，让被发射到新行星的生命具备在新家园生存的基本能力。这当然更复杂，但也更人性化。然而，要想做到这一点，我们需要更加深入地了解元物种所有基因组的功能要素，以便能够更好地设计、改造和保护它们。要实现这些，我们必须先全面绘制人类基因组、我们的元基因组和其他混合物种（即元物种）的功能要素，列出一个详尽清单，找到我们必须保护的那些基因，以及可被编辑的那些基因。同时，我们还需要以地球目前的生物为基础，寻找对其进行设计和改造的方法。在从零开始构建基因组之前，我们需要知道究竟能够构建哪些东西。

迄今，我们研究得最深入的基因组是人类基因组，但我们仍未完全揭开它的神秘面纱。人类究竟有多少基因？它们都起什么作用？又是如何被调节的？基因组中是否存在"严禁干扰"的区域，其是否与那些更容易被修改、操纵的区域并存？其他物种的基因构成又是怎样的？

解答这些问题，对于生物工程的后续发展至关重要。除此之外，我们需要将 NASA 的双胞胎研究拓展至更多宇航员和其他物种，以便能够更好地了解生命需要如何应对太空旅行。截至本书出版时（*译者注：指本书英文版出版时间 2021 年 4 月），只有 570 多人进入过太空，他们航行于距离地面 100 千米的地方，那里的大气层更薄，天空呈黑色。一旦太空旅游变得普遍，如 SpaceX 和蓝色起源 [*译者注：Space X 即太空探索技术公司，是美国一家民营航天制造商和太空运输公司，总部位于美国加利福尼亚州霍桑。SpaceX 由企业家伊隆·马斯克于 2002 年创办，目标是降低太空运输的成本，并进行火星殖民。SpaceX 现开发出猎鹰系列运载火箭及龙系列飞船，用于将荷载运送至地心轨道。SpaceX 达成了许多国家航天机构都未曾达成的成就。蓝色起源（Blue Origin）是亚马逊 CEO 杰夫·贝索斯旗下的商业太空公司]，新的太空机构就能够定期开展人类航天计划（如以色列和印度），这些活动将推动数据量成倍增加。同时，有关动物和植物的研究工作（NASA 基因实验室就是一个最好的案例）也将增加。得益于中国发射的嫦娥四号，目前一种棉花植物已经在月球上生长。虽然目前这种由结实的棉花制成的"月球袜"还无法订购，但这只是时间问题。

尽管发展势头令人振奋，问题却仍然存在：我们应该设计什么？首先，我们必须定义基质和一些基本知识，以了解我们可以设计什么。为此，我们必须制订严密的计划，从基因组到基因，从细胞、组织到整个身体，最后到整个生态系统。只有拥有所有分子砂浆和基因砖的信息，我们才能构建最可靠的生物结构，包括那些能够到达新行星家园的生命结构。

生物遗传密码——基因组

基因组[*译者注：也称为遗传密码或 DNA，基因组是指生物体所有遗传物质的总和。这些遗传物质包括 DNA、RNA（病毒 RNA）、编码 DNA 和非编码 DNA、线粒体 DNA 和叶绿体 DNA。研究基因组的科学称为基因组学]的基本单位是基因。这些基因由四种核苷酸（A、C、G、T）构成，它们可以被转录（想象一下大声读出一段文字）为 RNA（A、C、G、U）。DNA 代代传递，是主要的遗传分子。当它活跃时，就会被转录成 RNA，作为"信使"分子来执行 DNA 的功能。RNA 可以作为蓝图被翻译（就像将语言转化为行动）以创造蛋白质（编码 RNA），而其他 RNA 本身已经是活跃的分子（非编码 RNA，ncRNA），可以调整细胞内的其他过程。

这些蛋白质和 ncRNA 为细胞如何生长、适应和向身体其他部分发出信号搭设框架。它们构成了遗传密码的活性成分，使指甲生长，补充流失的血细胞，消化食物，在性高潮期间让人兴奋，引导睡眠，使人体茁壮成长。一个生物体的所有遗传代码的集合被称为基因组，如果从各种生物体的角度来统一考虑，其可以被称为元基因组。

虽然人类的基因组看起来十分庞大，约为 3.1 千兆碱基（31 亿个碱基），但它实际上不是最大的基因组。大多数植物的基因组比人类的大得多（10 千兆~30 千兆碱基），已知最大的基因组存在于眼虫属内，足足有 120 千兆碱基[*译者注：Base Pair，碱基对，其是形成核酸 DNA、RNA 单体及编码遗传信息的化学结构。组成碱基对的碱基包括腺嘌呤、胸腺嘧啶、鸟嘌呤、胞嘧啶、尿嘧啶]。人类基因组最引人注目的并非它的规模，而是相对于基因组非编码区域（非编码 RNA 和基因之间的其他区域）的编码 RNA 的数量。阿里·梅尔尼克（Ari Melnick）、马诺利斯·凯利斯（Manolis Kellis）、马克·格斯坦（Mark Gerstein）、约翰·马蒂克（John Mattick）、克里斯蒂娜·莱斯利（Christina Leslie）和编码联盟等的研究表明，许多 ncRNA 定义了非常具体的细胞类型。事实上，这可能是人类基因组的一个方面，而这个部分实际上代表其相对于其他物种的特征，只有约 2% 的基因组为蛋白质编码。相比之下，细菌有 99% 的基因组为蛋白质产物，酵母有 80% 的基因组为蛋白质产物，而大多数生物的蛋白质产物比例为 20%~30%。但是，其中究竟有多少个基因，我们能预测它们都在做什么吗？

基因：生命遗传因子

基因[*译者注：基因（遗传因子）是产生一条多肽链或功能 RNA 所需的全部核苷酸序列。基因是生命的基本构造，储存着种族、血型、孕育、生长、凋亡等过程的全部信息]，DNA 和 RNA，存在于每个细胞中，它们并非简单地使用四个字母代码来提供大量指令，并对周围世界做出先天适应性反应。DNA 中有一些离散的功能性元素，其作为功能操作的杠杆，被称为基因。从 20 世纪 40 年代到 20 世纪 70 年代，这一时期占主导地位的理论是，一个基因只执行一种特定的功能（即"一个基因，一种酶"）。乔治·比德尔（George Beadle）在细菌系统中观察到这一现象，并因此获得了诺贝尔奖。此前的研究引发了几种流行的基因概念，如"智力基因""癌症基因""身高基因"。

然而，在人类和其他多细胞生物中，要想调控基因并非易事；基因很少执行单一的功能或具有驱动特征（又称表型），或对疾病的风险带来唯一影响。几乎所有的基因都在不止一种的细胞类型、不同的组织或发育时期活跃，这种"一个基因，多种功能"的原理被称为多效性（Pleiotropy）。由于许多基因具有多效性，因此我们很难认为某个表型仅仅被一个基因控制。例如，某种蛋白质可以作为一种化学反应的酶，但在细胞内可以作为另一种用途的支架；控制胰岛素代谢（PI3K）的相同基因，也可以在细胞对化疗的反应及癌症转移中起到至关重要的作用。

600 万年前，人类与最后的共同祖先黑猩猩和倭黑猩猩发生分化以来，人类基因组的大小一直保持不变，但我们对基因及其调控的了解只是在过去的 10 到 20 年中才变得清晰。20 世纪 90 年代末，人们对人类基因组中的基因数量争论不休，有人推测基因数量可能多达 120000 个，或少至 20000 个。编码 RNA 和非编码 RNA 之间的区别还没有得到充分理解，许多人持有人类中心主义的观点，他们认为人类看起来很复杂，因此人类的基因比果蝇（13000 个）或蠕虫（20000 个）的基因多得多。然而，2001 年发布的人类基因组的第一个完整草案显示，人类仅有 25000 个基因。

令人振奋的是，自那以来，寻求人类基因组内新基因的速度并没有放缓。许多实验室的研究人员，以及诸如 DNA 元素百科全书

（ENCODE）等大型联盟，一直在加快研究的步伐，平均每年有大约 1000 个新基因被发现。截至 2020 年年底，基因的数量增加到 60000 个以上，并且在未来几年，我们将有可能发现更多基因。虽然在我们细胞中产生酶、蛋白质复合物和氨基酸功能元件的蛋白质编码基因的数量一直保持在相对稳定的 20000 个以上，但明确定义的非编码基因的数量正在不断增加（见图 3.1）。这意味着那些适应太空航行的最关键的基因，可能仍在等待我们进一步发掘。

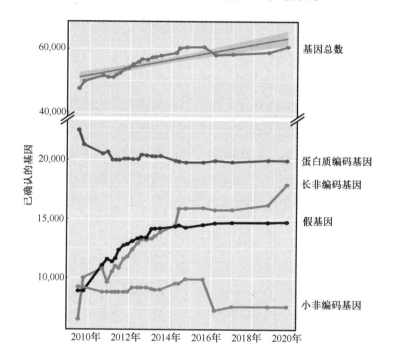

图 3.1 随着时间变化的已确认的人类基因的数量：GENCODE 基因计数，包括基因总数、蛋白质编码基因、长非编码基因、小非编码基因和假基因

　　如今，这些发掘工作仍在继续，因为 DNA 只保存了人类基因组的信息，而活性形式（RNA）对每个细胞、组织、发育时间来说非常特殊。因此，人类可能需要付出超乎寻常的努力去寻找新基因。

比如, 胎儿利用胎儿血红蛋白处理其体内大部分氧气的分子, 但这个基因在人类出生时就消失了, 通常再也不会出现。为了解决这些问题, 人们通过一些项目为人体的每一种细胞构建图谱, 包括由Nenad Sestan 领导的 Brain Span 项目, 以及由 Aviv Regev 领导的人类细胞图谱项目, 这两个项目可以帮助我们确认有多少个基因是真正存在于第一个细胞当中的。

不过, 发掘基因并不是为了人类基因组。随着时间的推移, 有几个存储遗传信息的大型项目正在开展, 有关数据库也在日益丰富, 包括 GenBank（当后文谈到 CRISPR 时, 会进行详细介绍）, 它保存了世界各地生成的所有序列数据, 还有欧洲分子生物学实验室、KBase、日本的 DNA 数据库及中国国家基因库。世界上最大的两个绘制基因组图谱的项目是地球生物基因组计划和脊椎动物基因组计划, 研究人员每周都会在不同的栖息地中发现数千个基因。

基因改变

无论基因的数量何时能最终确定, 基因都不会永远保持同样的状态。生命总会不断进化, 即使是古老的"已死的"基因, 或称假基因, 也可能"复活"并再次发挥其作用。这些基因是遗传信息的遗骸, 它们仍然存在于人类的基因组中。我们的基因组本质上是一张旧画纸, 其上存有数十亿个重叠的"涂鸦"和进化选择的"注释", 如今的我们不仅能够翻阅这些画纸, 而且可以看到发生了哪些变化, 以及这些变化是如何发生的。其中一个过程被称为外显子化, 即一个基因中目前没有被转录成蛋白质的部分会发生突变, 然后变成一个外显子, 可以作为一个新的 RNA 或蛋白质的一部分。此外, 几乎所有的基因都经历了剪接的过程, 它的内部元素被混合和匹配，并通过这种方式创造一个新的功能。这种剪接过程可能产生于疾病（如骨髓增生异常综合征）、决定婴儿性别，以及特定的免疫反应之中。

除了通过生命的工具箱来生成或回收一个新的基因成分，还有一种更简单的获得新的遗传功能的方式，这可能只能通过进化选择才行。一些快速进化选择的例子仅在过去几百年内产生。在日常生活中，人类在成年后能够消化牛奶中的乳糖（乳糖酶耐受性），而哺乳动物在婴儿期之后通常不具备这种能力。另外，波利尼西亚群岛的人们似乎被赋予了自由深潜和增大脾脏的基因，拥有这种基因的岛民能够比其他地区的人类潜得更深，且潜水时间更长。最后要提及的一点是，有证据表明，夏尔巴人和喜马拉雅登山者的遗传选择（EPAS1 基因）使他们更适应高海拔地区的生活。进化选择赋予了人类一些最近的适应性，而这一过程仅仅在几十代人中就已经完成了。

基因调节

虽然基因组（你体内的所有 DNA）和转录组（你体内的所有 RNA）定义了细胞的基本构成部分，但它们的调控是由其他分子完成的，这些分子统称表观基因组（Epigenome）和表观转录组（Epitranscriptome）。数百种化学标记定义了 DNA 和 RNA 在细胞中部署和使用的时间、方式、位置，范围从非常小的化学变化到 DNA 或其周围蛋白质的巨大变化，如 DNA 甲基化，其中只有 4 个原子（CH_3）被添加到 DNA 中的胞嘧啶，以控制基因。

同样的原则也适用于 RNA，甲基化这样轻微的化学修饰可以调节特定 RNA 的功能。2012 年，我们实验室及一些研究人员首次将其定义为表观转录组。现在有超过 115 种已知的 RNA 加工修饰，跨越了生命的所有领域，代表了 RNA 的显著可塑性，就像 DNA 和表观基因组一样，影响着 RNA 的状态、定位、翻译速度和稳定性。

几乎所有基于 RNA 的病毒都曾对 RNA 进行过修饰，包括人类免疫缺陷病毒（HIV）、寨卡病毒、丙型肝炎病毒（HCV）。杜克大学斯泰西·霍纳博士实验室和我们实验室的研究都表明，种种修饰改变了病毒的生成、释放及与宿主细胞相互作用的速度。RNA 修饰几乎在所有被测试的生物体中都可以观察到，包括病毒、植物、细菌、真菌和动物。现在我们已经了解到，就像表观基因组一样，表观转录组作为一组隐藏的"杠杆"控制着 RNA 的功能。这些杠杆是未来细胞工程的潜在基质。

细胞与基因组

每一个多细胞生物体都是从一个单细胞而来的，其中包含了各种复杂、精细的指令，不仅要合成、调节细胞，而且要让所有细胞得到发育，然后这些细胞将构成一个生物体。所有指令都被编码在第一个细胞的 DNA 中，这再次说明基因组十分复杂，每个细胞的表达必须根据其功能的不同以特定方式进行控制。来自人体组织的每个细胞（如肌肉、肺、心脏、肝脏）都具有独特的表观遗传特征，如前文所言，这说明我们可以通过基因调控的方式来维持组织的特定功能。

我们对独特细胞、细胞类型总数的认识仍在不断发展。先前的估计表明，人体中独特的细胞类型约为 300 种，但来自人类细胞图谱的最新研究表明，可能存在数千种细胞类型和亚型，每一种都具有特定的生理状态，对刺激反应具有独特功能。但是，即使是同一细胞类型的细胞也并非完全相同。细胞表面分子的"呈现"会根据内部变量发生根本变化，如基因突变，表观基因组、转录组和蛋白质组的改变，以及外部刺激，包括药物和与其他细胞的相互作用。当一个癌细胞在细胞表面创造一个全新分子时，这种新抗原的表现最为明显。鉴于其独特的表现形式，人类无法在正常细胞中观察到它的存在，这为更安全的癌症疗法提供了一个独特的方向。

人体中大约有 30 万亿个人类细胞和另外 30 万亿～40 万亿个细菌细胞，总共有大约 70 万亿个细胞。如果你的身体是一个民主国家，那么人类细胞通常会占少数，你（作为人类）将永远无法赢得选举。无论你如何度过你的星期天，你的身体里、皮肤表面和周围都有很多微生物，这些微生物构成了地球上的大部分细胞。

虽然细菌基因组的规模较小（细菌基因组具有 2 兆～10 兆碱基对，而人类基因组有 3.1 千兆碱基对），但它们的生化活动与人类细胞同等重要，有时甚至比人类细胞起到的作用更大。据李·胡德（Lee Hood）的推测，人体中36%的小分子由微生物群制造、处理，同时大约有 25%针对人类疾病设计的药物将会对人体微生物细胞的生长和生物过程产生影响。因此，治疗疾病并非仅仅针对单一个体，而是对所有生命领域的全部细胞进行治疗。

然而，这只是研究疾病和预测治疗反应的巨大复杂性的一个方面。我们对生物学复杂性的深入了解，催生了预测模型和针对特定患者的定制疗法等新的医疗模式。精准医疗和个性化医疗中心已在世界各地普及，其目标是以正确的剂量，在准确的时机，向病人提供准确的治疗。精准医疗在癌症的定制治疗方面取得了非凡的突破，特别是对白血病和肺癌进行的治疗。医生找到癌症的"阿喀琉斯之踵"，通过精准抹杀癌细胞而不伤害非恶性细胞的方法，对病人进行精准治疗。针对传染病和元基因组学（*译者注：Metagenomics，又称宏基因组学、总体基因体学，是一门直接取得环境中所有遗传物质的研究。涉及的研究领域广泛，也可称为环境基因体学、生态基因体学、群落基因体学）方面的工作，以及针对不分种类的所有DNA的工作，使"精准元基因组学"成为可能。因此，我们可以将特定病人与抗生素匹配，发现致病的未知因素，从而不断地获得新的经验。对元基因组学开展研究之后，我们在肿瘤内微生物中有了意外发现，这些微生物能够代谢化疗药物，并产生耐药性。因此，需要先用抗生素杀死细菌细胞，然后才能针对肿瘤细胞进行靶向治疗。这些治疗方案代表了治疗领域发生深刻转变，也代表了医学"跨界生物学"的新视角。如今，要想成为一名优秀的人类遗传学家，就不能仅局限于研究人类的 DNA，因为来自所有生命王国和所有非人类细胞的 DNA，都将对每个人产生影响。

如果你是一个只研究人类 DNA 的人类遗传学家，这无疑是最糟糕的。无论微生物学还是肿瘤学，仅仅关注一个领域并认为众多生物过程可以单独起作用，是不可取的。大多数生物学书籍从进化和历史的角度，将生命的三个王国展示为独立的分支，但在临床和生物学背景下，这种观点具有误导性。人类的体内细胞丰富（细菌、病毒、真菌、其他细胞、DNA），每个生命领域之间都流动着源源不断的信息。正因如此，人类必须被作为一个动态的、跨领域的生命网络来测量和建模。疾病、健康和生物学的正确建模与细胞、物种、生命王国的起源无关，我们应关注人体系统中细胞制造的所有分子，这些分子之间会不可避免地相互作用。上述观点对于如何设计基因组，以及怎样将其输运至其他行星等问题，起到至关重要的作用。

由微生物群落绘制元基因组图谱

对全部物种及其所有潜在分子进行建模，所需的信息究竟有多少呢？地球上的物种总数估计有数万亿，而我们刚刚开始绘制关于这些物种及其相互作用的图谱。在世界各地，人们开始大规模绘制微生物和环境的 DNA。例如，"地球微生物组计划"，该计划从大量栖息地中搜寻新物种，绘制它们的多样性和功能；"极端微生物组计划"，该计划致力于寻找嗜极生物并检测它们的 DNA，以此评估它们的适应性指标（更多内容见第 5 章）。另外，地铁和城市生物群落的元基因组学、宏设计（MetaSUB）项目已经测序了包括 100多个城市的数千个样本。2020 年第一批数据公布，这些数据来自大卫·丹科（David Danko）、丹妮拉·贝兹丹（Daniela Bezdan）及150 余个城市联盟的研究。在公布时，这些数据只包括地球上的城市，然而，除此之外，研究人员还找到了约 430 万个新基因及 10000多个新病毒种类。这说明，在 500 年计划的第二阶段和第三阶段，大量未知的新基因等待挖掘。

这个由细菌、病毒、真菌、古细菌、人类和其他细胞、分子等组成的系统规模，比元基因组的规模更大。有关微生物组和元基因组的研究是 NASA 和其他太空机构的优先任务，被称为建筑环境微生物学（MoBE），这是由斯隆基金会的保拉·澳尔斯维斯基（Paula Olsiewski）开创的领域。所有的 MoBE 领域，从住宅到地铁再到空间站，都代表了一个目前"意外"为其居民设计的生态系统。但从历史上看，对其进行测绘和定性一直是一项困难的任务。

2018 年，地球生物基因组项目启动，旨在对地球上所有复杂生命的约 150 万个基因组进行测序，英国的达尔文生命之树项目也正式启动。该项目由不同小组合作完成，对不列颠群岛的 66000 多个真核生物进行测序。惠康—桑格研究所与英国各地的机构、博物馆、大学合作，成立基因组测序研究中心，将在发掘遗传密码的生成方面发挥核心作用。由此，一个非凡的、有史以来第一个地球规模的基因组地图诞生。但是，这项浩大的工程仅包括了地球中的一切，然而，该如何对整个太空进行这种操作呢？

我们对空间站元基因组的大部分了解都来自美国宇航局喷气推进实验室（JPL）的卡斯图里·文卡特斯瓦兰（Kasthuri Venkateswaran）博士和尼亭·辛格（Nitin Singh）。2000 年以来，研究人员陆续发现了生物体迅速适应太空的证据，其中包括抗生素的抗药性，其会对机组人员的健康和安全带来直接影响。各种取样工作表明，这些生物体仍在适应阶段，但它们不一定会变得具有危险性，它们产生的影响主要取决于具体情况和时间。2015 年以前，国际空间站无法实时监测这些变化，后来，一个与之有关的设想出现了。

太空基因测序

在理想情况下，人们可以在国际空间站上对任何感兴趣的生物体进行 DNA、RNA 测序，但问题在于，完成这种任务的机器太过庞大。大多数 DNA 测序仪虽然测速极快，通量极高（如 Illumina），但机器自身太重了，将其送入太空中的成本十分高昂。2012 年，牛津纳米孔科技公司（Nanopore）推出了一款名为 MinION 的微型测序仪，它仅有手掌那么大，重约 0.3 千克。2014 年，该公司授予我和其他实验室在威尔康奈尔医学院的提前使用权。2015 年，我们将太空测序变为现实。事实证明，你所需要的只是试剂、一台计算机

（甚至一台平板电脑）、MinION 测序仪和一些胆量。

在为双胞胎研究规划后勤保障时，我询问 NASA，能否在国际空间站上部署一台纳米孔测序仪，他们建议我去见见亚伦·伯顿（Aaron Burton）和莎拉·卡斯特罗-华莱士（Sarah Castro-Wallace）博士。鉴于他们已经开始沿着这个方向开展研究，我们便与凯特·鲁宾斯（Kate Rubins）和查尔斯·邱（Charles Chiu）共同加入了生物分子测序（BSeq）行动。

有了这个实力强劲的团队，研究正式开始。我们要做的第一个测试是为了解决一个简单但重要的问题：测序仪能在零重力下运作吗？如果我们把它带到太空，它却罢工了呢？如果测序仪在低重力环境中的工作方式与在常规重力环境中的工作方式不同，该怎么办呢？幸运的是，我们拥有被称为"呕吐彗星"的抛物飞行模拟器。

在一次双胞胎研究的电话会议中，安迪·范伯格（Andy Feinberg）博士提到，他要在"呕吐彗星"上测试一些新的正排量移液器，看看它们在零重力环境中是否有效。他询问了大家，是否我们也有过这样的设想，我的回答很明确：是的！就这样，我们拥有了一个完美契机来测试零重力环境中的测序仪。我们马上把所有用品运上飞机，零重力实验很快就开始了。当范伯格开始测试时，芯片和试管在飞机上到处乱飞，但他仍然设法保持镇定，专注于手头的任务，转移样本并确保移液器正常运转。最终，他成功加载了小测序仪，揭示了在零重力环境中进行测序的可能性。

下一个任务是国际空间站测序。鲁宾斯博士是我们团队的一员，她是一位训练有素的病毒学家，此前，她在自己的实验室中进行了大量测序研究，也是被选中进入太空的宇航员——这是一个极好的时机。2016 年 8 月，她安全进入了空间站。NASA 发射了一枚补给火箭，我们在休斯敦、纽约和加利福尼亚大学旧金山分校之间开展协作，以确保国际空间站中的实验正常进行。该实验十分顺利，这是人类第一次对地球之外的 DNA 进行测序，开创了"太空基因组学"和喜剧演员特雷弗·诺亚（Trevor Noah）后来称之为"太空基因"的新时代。我们与项目组成员及其他合作者公布了研究成果，包括有史以来第一个来自地球之外的太空 DNA 遗传数据和表观遗传数据。

在"太空基因组学"新时代，未来的宇航员将具备自力更生的能力，如果你被困在一个星球上，面临未知的、具有挑战性的医疗问题，如抗生素耐受的微生物，你就可以对其进行测序，准确地识别它是什么生物体，并由此找到最佳行动方案。此外，基于测序的监测技术，我们能够在早期发现疾病的苗头，并进行持续监测。

分子实体

我们讨论的所有生物层——从表观基因组调控基因被转录成 RNA，到表观转录组对这些 RNA 进行处理、翻译、调控，以及来自病毒、细菌和动物细胞等在内的广大生命领域的细胞类型——这些分子之间的相互作用，共同构成了分子实体。当它们聚集在一起时，所有元素从根本上改变了我们观察人体的方式。那么，当问题在这样一个复杂的系统中出现时，我们如何轻松地监测它们呢？进入细胞游离 DNA（cfDNA）（*译者注：Cell- free fetal DNA，cfDNA，细胞游离 DNA 是在母体血液中自由循环的游离 DNA。cfDNA 分析是一种无创性产前诊断方法，通常通过静脉穿刺采集孕妇血液，适用于高龄产妇）也许是一个不错的选择。

目前，大量的 cfDNA 小片段从其所处的细胞中被释放出来（无论有意的还是由于细胞死亡），在血液中高速流动。在一个健康的人体中，cfDNA 主要来自正常细胞的死亡，特别是那些与血液相关的细胞，以及其他组织。值得注意的是，仅从一毫升血浆中就可以分离出 1000 到 10000 个人类基因组当量的 cfDNA，这些 cfDNA 由人类染色体、线粒体 DNA 及病毒、细菌、真菌基因组的片段组成。鉴于 cfDNA 本质上是对身体开展的"垃圾扫描"，筛查这些垃圾可以确定你身体的"分子派对"中所发生的事情，以及你的细胞正在扔掉的那些东西——就像一个漫长狂欢夜后装满啤酒罐的垃圾桶。因此，通过监测 cfDNA 的相对数量及这些片段的来源，可以为人类生理学提供丰富的信息。21 世纪初，这些工具的应用领域迅速扩大，从产前检测和癌症诊断，到实体器官移植后的感染、排斥和免疫抑制的监测都应用了这些先进技术。血液中 DNA 和 RNA 的无细胞测序（无细胞核酸或 cfNA）表明，基于这些措施进行"全身分子扫描"是具备可行性的。

基于对 cfNA 的研究，几个新的预防措施产生了，在抽血过程中即可进行。首先，由于癌细胞与身体内的正常细胞不同，会发生突变，因此，如果 cfDNA 中突变现象明显，我们就可以在癌症出现前进行预防。这改变了筛查早期癌症的方式，包括早期泛癌症检测 cfDNA 测试（如 GRAIL 公司的测试），以及专门从粪便中识别结肠癌的测试（如 Exact Sciences 公司的 Cologuard 筛查测试）。其次，接受器官移植的病人从另一个人那里接收大量的细胞，如果一个器官被排异和破坏，这些不同的等位基因（基因的不同版本）可以在接受器官者身上追踪。斯蒂芬·奎克（Stephen Quake）和伊维因·德·弗拉明克（Iwijn de Vlaminck）2014 年开展的一项研究表明，如果血浆中缺乏捐赠者的 DNA，则心脏移植成功；如果供体 DNA 增加，则心脏移植失败，他们的身体会攻击外来细胞。基于 cfDNA，我们能更好地监测脓毒症患者、肾脏移植情况等。

正如第 1 章所言，在拥挤的房间里发表演讲的人，其血液中的线粒体 DNA（mtDNA）会激增。其他关于压力之下血液中 mtDNA 变化的研究也显示了类似的结果。德·弗拉明克等人对试图自杀的人进行研究，结果显示，这些人血浆中的 mtDNA 升高，这种变化存在于多种自杀方式（药物过量、上吊、割腕等）中。在 NASA 开展双胞胎研究时，mtDNA 的特殊性也得到体现。斯科特在太空的第一周，以及在任务即将结束时，他血液中的 mtDNA 大幅增加，这表明太空飞行带来了重大免疫压力，包括辐射、体液转移和环境变化。通过确认 mtDNA 的含量，我们可以了解宇航员在太空中是否健康。

对于元基因组和整体生物圈，这种监测法揭示了所有物种的变化。例如，康奈尔大学德·弗拉明克实验室的研究表明，对尿路感染患者的 cfDNA 进行测序，不仅可以揭示感染的类型，还可以揭示致病生物体。此外，用一种叫作亚硫酸氢盐的化学物质处理 cfDNA，可以揭示其表观遗传学的起源，我们便能够看到身体的哪个器官被感染了，因为表观遗传组的细胞类型调节区别明显。这为分析低级感染提供了一种简单的、非侵入性的方法，也是检查身体周围组织和细胞损伤状态的一种手段。每个 DNA 片段都有它自己的表观遗传故事，我们需要做的只是倾听。

太空诊断设备

随着时间的推移，医学变得更加精确，特别是随着来自不同疾病状态和分子调控水平的数据涌入，治疗和监测癌症、传染病、遗传性疾病的能力得到进一步提高。这些能力扩展到了地球之外，如今，我们能够对太空中的宇航员进行持续的基因监测。同样，近年来机器学习算法有了极大改进，这些技术将在未来的太空诊疗中发挥重要作用。此外，还有一些引人注目的应用实例，比如来自伊曼·哈尔塞拉（Iman Hajirasouliha）博士和奥利维尔·埃勒门托（Olivier Elemento）博士的一项成果，他们通过图像分割算法诊断乳腺癌，利用组织学切片，对高风险患者和低风险患者进行分层，找到具有最佳植入机会的胚胎，以及在花费时间和金钱进行临床试验之前预测药物的毒性。除此之外，基于大数据在医学中的应用，一种使用电子医疗记录和可穿戴设备预测病人的健康轨迹的新方法产生了。目前，我们还没有创建专供宇航员使用的大数据库，但是在他们离开地球之前，预测风险并提前规划是非常必要的。NASA 双胞胎研究的调查员迈克尔·斯奈德（Michael Snyder）表示，持续监测心率、DNA、RNA 变化的可穿戴设备，能够在糖尿病发病之前进行提示，还可以在莱姆病恶化之前提醒患者，这种设备对 SARS CoV-2 的 COVID-19 也能起到相同作用。如果你利用可穿戴设备持续监测生理状况，它就是你的健康卫士。总之，利用这些新的方法和工具，我们能够在疾病产生之前就进行预防。如果一切顺利，可穿戴设备将很快成为 NASA 及其他空间机构任务中宇航员的标配。宇航员能够使用他们自己的基线数据来识别身体内部的变化，判断是否有必要进行干预治疗，确定进行干预治疗的方法和时间。

人类基因组的最终图谱

关于人类基因组，有一个令人惊讶的事实，那就是我们一次又一次地对其进行了修订。2000 年，人们首次完成修订人类基因组的任务，在白宫草坪上，克林顿总统将其作为重大新闻发布。2003

年，人们再次顺利地完成了这项工作。2003 年以来，每隔几年，基因组参考联盟就会对新的人类基因组进行修订，并公布官方的新版本数据。

事实上，人类的基因组并未被完整呈现出来。即使在今天，人类基因组这个 31 亿块的拼图还没有被完全拼凑完整。目前的人类基因组图谱，是由数百个 DNA 片段组成的，而不是由一套漂亮、整齐的染色体组成的。随着技术的发展，描绘成品基因组变为可能，包括完整地从一端到另一端组装人类基因组。

那么，问题到底出在哪里？为什么要不断修订人类基因组？以目前的技术来说，我们需要将基因组分割为数以百万计的微小片段，将其作为一串被称为读数的字母，进行读取。利用计算方法，我们通过匹配相同的字母串将这些读数对齐。人类基因组的某些区域，以及来自这些区域的片段，就像一块块拼图，每一块拼图都是独特的。相比之下，其他区域更难解读。人体内有成千上万个完全相同的拼图，只不过我们不允许它们相互替代。在你的染色体末端，存在着高度重复的 "TTAGGG" 序列，被称为端粒。染色体的中间区域被称为中心粒，它有着额外的重复片段，如果你只有很短的 DNA 序列片段，那么问题就不太可能解决。幸运的是，牛津纳米孔微型仪器 MinION 和太平洋生物科学仪器等测序仪提高了准确读取较长序列的能力，使得组装生命拼图的目标变得更具可行性。

最佳例证来自亚当·菲利普（Adam Phillippy）、凯伦·米加（Karen Miga）、埃里希·贾维斯（Erich Jarvis）和 Telomer-to-Telomere 联盟研究人员的研究，他们的成果表明，我们现在可以从零开始构建一个完整的人类基因组。X 染色体，即女性的性染色体，在 2019 年首次完整呈现的。不过，我们现在已经完成了第一个任务，其余研究也将迅速跟进。如今，我们可以绘制每个基因的位置、相位（相对于同一分子上的其他基因的位置）和状态，以及表达的内容、修改的内容，还有功能元素所造成的影响，如增强子（基因的远端控制盒）。

截至 2021 年年底，人类基因组的大部分基本图谱已经完成绘制。我们确定了第一批"不可干扰"的基因，这些基因不应该被编辑、删除、修改。为了深入了解人类遗传变异的影响，基因组聚合数据库、英国生物银行和世界各地的测序人员都付出了众多努力。他们提供了数以百万计的人类遗传数据、医疗数据和表型，可以用于识别那些对生殖或生活质量没有负面影响的突变。举个例子，如果几百万个基因组中，只有 10% 的基因组突变，那么这个突变可能没有太大危害——否则很多人都可能患上类似的疾病，或者在我们进行测序之前就去世了。随着我们收集的数据越来越多，"不可干扰"的基因逐渐丰富，包括许多"胚胎致死"基因（如果一个人携带这类基因，那么他根本不会出生），以及那些和疾病相关的、在某些情况下可能会被接受的基因。

在绘制人类基因组的图谱之后，我们应该思考一下，如何更好地帮助病人减轻病痛。但是，第一个真正的人类基因组图谱直到 2021 年才全面绘制完成，针对其他生物体基因组的研究才刚刚开始。最大的问题是，当我们到达火星时，我们的基因组会变成什么样？我们应该如何修改基因组？我们能在火星生存下去吗？我们下一步需要创造些什么东西？

THE NEXT 500 YEARS

Engineering Life To

Reach New Worlds

第二阶段：初步设计基因组（2021—2040 年）

"仅仅因为不了解某样东西的作用，就说它是废柴，我觉得这是狭隘的。我建议将该称谓替换为'funk'——功能未知的 DNA。我想说，我们的基因组功能处于尚待发现的阶段，而不是废柴。"

——格雷戈里·佩茨科博士

人类细胞设计

理论上来说,到 2030 年中期或 2040 年,人类将登上火星。届时,我们可以直接观察火星对人体带来的影响,检验"分子风险缓解"计划的效果。一旦踏足火星,我们将能在大量新定义的环境下,在更多细胞类型和生物体上,测试更加广泛的基因工程设计。正如我们目前在地球上所做的那样(出于安全考虑),大部分的基因工程先从动物开始,逐渐过渡到人体。届时,我们或许可以改变 DNA,修复损伤的基因,找到抑制肿瘤的方法,明确与细胞和氧化应激相关的通路表达。通过选择性添加或删除人类基因组的片段来改变基因,我们将会了解到如何在改变细胞的同时保留其固有的特性。我们目前持有的观点将发生变化——从人类基因组到人类出生。关于"基因盔甲"的试点实验即将开始,我们所掌握的来自两个物种的经验教训，足以证明这个实验是具有可行性的。

向大象学习

我们的第一课来自大象所具有的奇特遗传现象。大象的体型明显比人大，体内大约有 1000 万亿个细胞，而人类的细胞大约仅有 70 万亿个，人们猜想，大象有更多"出错"的可能，而这将导致基因突变，引发癌症。但令人惊讶的是，情况并非如此。事实上，大象患癌的概率比人类患癌的概率低三到五成，对于体型更加庞大的鲸鱼来说，情况亦是如此。许多研究人员都注意到了这个现象，包括牛津大学的统计流行病学家理查德·佩托（Richard Peto）。1975 年，佩托关注到这一悖论，倍感困惑。如今，这个悖论被称为佩托悖论。佩托是第一个将人类与小鼠进行比较的研究者，他指出，人类的寿命大约是小鼠的 30 倍（人类的平均寿命为 75 年，而小鼠为 2.5 年），且拥有比小鼠多 1000 倍的细胞。理论上，人类患癌的概率比小鼠多 100 万次。大象的细胞是人类的 100 倍，但大象却更少患癌，这是为什么呢？

通过以下事实，我们可以解答这个问题：不同物种的细胞生长和分裂速度不同，这导致患癌的概率不同。在一个物种和单个人体中也是如此，不同类型的细胞会以不同的速度繁殖。例如，相比于心脏中更稳定的心肌细胞，骨髓中的血细胞等高度增殖的细胞，发生癌变的概率更高。但是随着研究的推进，人们还注意到了一些特殊现象。大象的 TP53 基因存在明显差异，这个基因是癌症中最常见的突变基因之一，通常被称为"基因组的守护者"，因为它能够检测 DNA 损伤，迫使细胞在细胞凋亡的过程中自杀。显然，该基因在人类和大象中都很重要。约书亚·希夫曼（Joshua Schiffman）和文森特·林奇（Vincent Lynch）的实验，以及发表于 2016 年的两篇论文提供了一条重要线索，为我们揭示了大象的独一无二之处。

希夫曼和林奇的研究表明，大象并不只有一个 TP53 副本，它们的基因中有 20 个该基因的副本。此外，大象还产生了额外的 TP53 蛋白副本（被称为 p53），这意味着大象的细胞能够更加积极地扫描 DNA 损伤。研究表明，大象的细胞对辐射造成的 DNA 损伤更加敏感。它们的细胞凋亡（死亡）率比人类细胞高得多。和大多数基因一样，人类只有两个副本（一个来自母亲，一个来自父亲），但大象有多个副本，由此产生了一个显而易见的问题：能否在人类细胞中加入额外的 TP53 副本，从而产生更强的癌症抵抗力？答案是肯定的。我们可以将大象基因的一部分转移到小鼠的细胞中，检测辐射反应后发生的变化，这种变化显示出凋亡的细胞被激活了（被称为 caspase-3）。希夫曼和林奇表示，有了额外的基因，小鼠对辐射的反应比之前更强烈了。

然而，生化成分和剂量的平衡至关重要，无论对午夜鸡尾酒还是人类细胞的基因表达水平来说都是如此。目前，根据将新基因嵌入人类细胞及改变现有细胞表达的测试可知，其中存在很多风险。对基因组的修补必须达到平衡，以确保基因的剂量（活性）处于正常水平。

如此细致的基因剂量已经在人类细胞内自然实现。例如，所有女性的细胞核中都有两条 X 染色体，而男性只有一条 X 染色体。男性的 Y 染色体并不能弥补这一差异，因为它只含有约 200 个基因，而 X 染色体包含 1000 多个基因。因此，如果两条染色体在不同性别中的活跃程度相同，女性的 X 染色体将产生过多的活动。为了平衡这种差异，我们可以通过"剂量补偿"来控制额外的染色体，从而确保女性的两条 X 染色体中的大多数基因被压制，与男性的单条染色体的活性平衡。然而，仅仅删除整个染色体以匹配基因活性的"剂量"，并不是解决问题的最佳方式。如果女性出生时只有一条 X 染色体，她就会患上特纳综合征[*译者注：特纳综合征，也称为性腺发育不良或先天卵巢发育不良，由 Henry Turner 于 1938 年发现。这是一种先天性染色体异常疾病，是由性染色体全部或部分缺失引起的，临床病征包括身材矮小（身高约 140 厘米，但可达常人水平）、手脚淋巴水肿、宽胸阔乳、低发际、蹼颈。患病女孩通常性腺功能不全（卵巢无功能），从而导致闭经和不孕]。因此，我们需要仔细调整基因表达剂量。

就 TP53 而言，目前的研究证实，不可控的高水平 TP53 会导致衰老速度加快。那么，大象为何既能长寿又不患癌症呢？事实证明，并非所有大象都有相同的 TP53 副本，有些实际上是逆转基因（一种假基因），还有一些是 p53 的守护者。裸鼹鼠也具有独特的抗癌能力，它们会对自己的 p53 进行特殊处理，这一过程的原理尚未被人们完全掌握，但很可能与大象的处理方式类似。将一个物种的细胞与另一个物种的进化史相结合，我们可以从中得到经验教训，基于此，更好地保护人类和所有物种的细胞，而这些细胞将伴随我们飞离地球。

向水熊学习

一种完全不同的、经过验证的"内部基因铠甲"的设想，来自一种缓步动物。它极易在水中找到，看起来像一只可爱的微型熊，通常被称为水熊。人们甚至为水熊专门开设了 Twitter 账号。水熊几乎可以在任何地方生存，包括真空、辐射极高和干燥（脱水）环境。20 世纪初，人们就了解了这种嗜极生物的能力，并将其所拥有的抗干燥性和抗辐射性联系起来，但究竟是什么赋予了这些微小生物这样一种惊人能力，至今不得而知。2015 年，基因组测序工作完成，日本的东田正彦、竹下久田，以及北卡罗来纳大学的鲍勃·戈德斯坦（Bob Goldstein）等所在的多个研究小组，都参与了这项工作。

缓步动物对 X 射线和其他辐射的耐受性极高，人们认为这是因为它们适应了严重脱水的环境。严重脱水会损害生物体内大多数分子，就像干燥的皮肤会开裂、产生裂纹，甚至出血一样，细胞脱水也会导致生物体内的分子被损伤。由于快速脱水，DNA、RNA、蛋白质及生物体细胞中的所有基本成分都会被撕裂，就像被 X 射线照射一样。

那么，缓步动物是如何在干燥和重度辐射环境中生存的呢？我们怎么知道是哪些基因起到了最大的作用？库尼达团队的设想是，观察哪些基因在干燥过程中会被激活，并持续观察这些基因。但是，从脱水到补水，基因表达并没有显示出明显差异，这表明缓步动物可以在没有明显基因表达变化的情况下进入脱水状态。基于这个结果，研究小组推断，一个持续性表达（连续不断）的基因将是一个更好的候选基因，"管家"基因也可以，因为这种类型的基因在细胞中总是活跃的，能够维持生物体内的正常秩序，就像一个从不休息的分子管家。

这就是独特的缓步动物基因成为焦点的原因。大多数被确认为缓步动物特有的基因都被持续性表达为蛋白质，它们在胚胎阶段到成年阶段都保持活跃。然而，在由这些缓步动物特有的基因产生的几十个独特蛋白质中，只有损伤抑制（Dsup）蛋白能够与核 DNA 同位。这一发现清楚地表明，该蛋白可以与 DNA 相互作用，并且有可能具有保护 DNA 的作用。

于是，新一轮测试开始了。我们需要了解 Dsup 是否真的能提高抗辐射能力，以及它是否能在一个全新的环境——人类细胞中做到这一点。要测试这一点，我们需要先创造出具有 Dsup 蛋白的人类细胞，然后用 X 射线对其进行处理，X 射线可以通过两种方式破坏基因。值得注意的是，X 射线的能量可以直接被 DNA 吸收（直接作用）并打破遗传分子；它也可以起到间接作用，从被 X 射线能量激活的水分子中诱发活性氧（ROS）。通过基因工程方法，日本的研究团队在人类胚胎肾细胞（HEK293）中用一个持续性表达的启动子来表达 Dsup。因此，Dsup 将保持活性，使人类细胞与水熊细胞变得相似。

正如预计的那样，过氧化氢（H_2O_2）导致对照组 HEK293 细胞中大部分 DNA 严重断裂（71%）。相比之下，表达 Dsup 细胞中的 DNA 碎片被大幅抑制，仅占总 DNA 的 18%。因此，Dsup 蛋白能够使 DNA 免受活性氧和 X 射线的伤害。该团队还尝试用抗氧化剂 N-乙酰半胱氨酸（NAC）对细胞进行预处理，显著抑制了由过氧化物诱发的单链断裂（SSBs）。这种"超能力"可以结合起来——在同时使用 NAC 和 Dsup 时，会产生更强的抑制作用。对活性氧的保护如此，对双链断裂（DSBs）的保护亦如此，通过这种方式可将双链断裂减少至 40%。此外，表达 Dsup 的人体细胞不仅受到的辐射损伤更少，而且生存能力和生长能力更强了。

通过这些实验，研究人员首次将缓步动物的基因置入人类细胞，证明了它不会抑制细胞的生长。但这仅仅是一个基因，局限于一个细胞系中，而不是整个身体。目前，我们尚不清楚将其置入人体会产生什么影响。以大象和缓步动物为对象的实验成果令人兴奋，但如果我们进一步扩大研究范围，又会发生什么？我们如何同时处理更多基因？这项技术是否还有改进的空间？

通过康奈尔大学实验室的研究，我发现通过整合和调控 Dsup

基因，以及修改人类基因组中的其他基因，可以大大降低 DNA 损伤率，这将是 2021 年至 2040 年的关键任务。届时，所有生物体的基因都将为创造和完善人类的细胞提供重要帮助。

但是，我们该如何迈出第一步呢？

设计新细胞的方法

如果将生物体比喻成一碗汤，那么基因转化就是一种将成分从一碗汤转移到另一碗汤的方式。多种基因整合和转化是有可能实现的，这包括引导外来 DNA 进入新细胞的不同方法。例如，通过使用细菌"打包细胞"培养大量 DNA，以及将 DNA 整合到真核细胞的转染技术。其中一些技术是在 20 世纪 50 年代至 20 世纪 60 年代研发的，当时它们被用来在不同的细菌之间（微生物转染）移动质粒（移动遗传元素）。那时，为了制作这些质粒的副本，第一批克隆方案日渐完备。但是，要想真正了解细胞工程，我们需要知道如何测量细胞的基因组内的构成。

较新的克隆方法是在 20 世纪 70 年代至 20 世纪 80 年代发展起来的，那时，科学家们开始寻找克隆质粒的方法，他们用聚合酶链式反应（PCR）——一种对目标进行持续加倍复制的化学反应——来增加这些产物。如果你得到一个特定的基因序列，并在该序列的末尾和开头使用"引物"来"诱发"反应，那么你就可以从单个 DNA 片段中扩展一个副本。因此，一个副本变成两个，两个变成四个，四个变成八个……以 $2n$ 个副本的速度发生变化。基于此类研究，凯利·穆利斯（Kary Mullis）获得了诺贝尔奖，他用这种简单方法引领了现代分子生物学的时代。

基于 PCR，各地的科学家们茅塞顿开。这项革命性的技术是绘制人类基因组图谱的关键，也引领了此后的一系列实验，如 1995 年克雷格·温特（Craig Venter）的细菌基因组（即流感嗜血杆菌）实验，1999 年杰拉尔德·鲁宾（Gerald Rubin）的果蝇基因组实验等。如果能够对各种生物体的 DNA 进行测序，我们就能知道在以碱基水平分辨率进行转染和基因组操作时会发生什么。

有些人在阳光明媚的周末去海滩仅仅会被晒黑，而其他人则会被晒伤，不同种类的细胞，其转化的难易程度也不完全相同。有些细胞非常容易转化，它们很乐意从环境中吸收 DNA。然而，还有一些细胞很难转化。例如，放射性球菌能够吸收细菌并立即使用所吸收的细菌。

然而，大多数生物体不喜欢外部 DNA 入侵，这相当于地铁上的某个陌生人突然把食物塞进你的嘴里。例如，植物有一个内置的、坚硬的纤维素细胞壁，其作用是确保 DNA 不会漂浮在里面。真核细胞就像人类的细胞那样，拥有活性酶（DNAses），还有一些相应的方法来防止 DNA、RNA（RNAses）入侵。这些酶和物理结构能够抵御病毒、细菌和外来生物，由单个细胞、果蝇、人类的主动免疫系统进行延续。

由于人类细胞不喜欢接受外来的 DNA，因此我们只能通过人工方式将其引入，这个过程就是转染。你需要使用一种感染性制剂，并将其从一个生物体转移到另一个生物体中，使该宿主器官接受外来的 DNA。这可以通过一种感染因子来完成，感染因子可以利用表面上已有的分子，使细胞膜打开，从而让 DNA 直接进入细胞。

转染 DNA 的病毒法

对于转染和转化来说，有多种方法能够引导系统，以便接受新的 DNA。对于转染，你需要利用裸露、纯化的细胞，并且增强它们的吸收能力。这个过程包括磷酸钙共沉淀、脂质体、电穿孔（电击细胞，就像弗兰肯斯坦的闪电）、基因枪（实际上是将基因射入细胞）、显微注射等。对于转化来说，这个过程要简单得多，因为大多数细菌很乐意吸收 DNA，所以你只需要进行电穿孔或利用化学转化等方法来培养细胞。

人类细胞中存在两种转染，这是以它是暂时的还是稳定的来划分的。暂时（临时）转染意味着新的 DNA 片段来来去去，通常与被转染的表型（性状）一起出现，因此，我们能够在短时间内测试出"转基因"表达的影响。这种非永久性的转变可能是治疗性干预的理想选择，在这种情况下，基因表达只需很短的时间来完成临床目标，而长时间表达可能导致患者面临更大的风险。顾名思义，稳定转染的细胞是指那些将外来 DNA 永久地整合到其基因组中的细胞。如果你想知道一个细胞在调控过程中的持续变化，或者一个生物体在其整个生长过程中如何被一个外来 DNA 改变，那么稳定转染就是最佳途径。这意味着基因有效载荷是宿主基因组的组成部分，就像从其父母传下来的其他基因一样，被永久地整合在一起。在这种设计中，随着时间的推移，我们可能会添加许多不同的元素，以评估这个添加过程对于细胞整体功能的影响。

然而，对于稳定转染的细胞系（*译者注：可长期连续传代的培养细胞），要想获取外来 DNA，可能需要利用病毒的破坏性作用。一种常见的方法是慢病毒感染和一种腺相关病毒（AAV）。在这两种情况下，需要用一种病毒来感染细胞，将基因载荷偷运到细胞核中，然后整合到宿主的基因组中。如果它插入到控制基本基因的区域附近，如肿瘤抑制因子，并进一步攻击宿主的调控框架，就可能造成破坏。这就像在一条小河的中央种一棵树，树的存在将影响水的正常流动。此外，整合可能不止发生在细胞中的一个区域，整个宿主基因组的所有位置都有这种可能性——每个工程化细胞都是独一无二的。这种缺乏预测性的异构性事件会产生额外的剂量问题，即每个整合基因的影响是累加的，导致细胞整合越多，反应就越大。因此，稳定转染可以带来长期结果，并稳定表型，但出错率更高。

此外，并非所有的人体细胞都是这样的。由于表观遗传（在基因组的"顶部"）调控的改变，你的细胞被编码，从最初的单一细胞分化成了如今独一无二的你。表观遗传调控过程，控制着人类基因组 31 亿个碱基中哪一部分会开放。每个人类细胞中的基因在染色质（DNA 的包装）的 DNA 蛋白质结构中被激活和利用，如果染色质是开放的，它就能成为整合病毒的主要场所。

虽然这听上去令人毛骨悚然，甚至颇具入侵性，但这个现象普遍存在于整个人类演化过程和日常生活中。在我们的细胞中，存在整合病毒的大量证据。如果你的基因组是一本 100 页的生命指南，那么其中 8% 都是病毒。我们的基因组中有许多种内源性病毒，其他哺乳动物和植物亦然。转座子（Transposons）是一种跳跃基因，能在同一基因组内复制、粘贴 DNA 片段。转座子是由芭芭拉·麦克林托克（Barbara McClintock）最先发现的，用来解释色彩斑斓的玉米粒颜色（她因此获诺贝尔奖）。亚历克斯·肯蒂斯（Alex Kentsis）博士和我们小组的研究成果也表明，反常的转座子会导致癌症。逆转录转座子（Retrotransposons）与转座子一样，也是通过复制、粘贴进行移动的，但它们使用了 RNA 而非 DNA 来进行跳跃。同样，人类内源性逆转录病毒（HERVs）可以在人类基因组中被激活，从 RNA 转化为 DNA，然后再整合到基因组中。众所周知，艾滋病病毒（HIV）也是这样整合到宿主基因组中的，此类事件只是冰山一角而已。

除了 HIV，其他病毒也可以直接潜入你的基因组，给自己做个窝，就像你大学时的无良室友，把你的房间搞得一团糟，未经允许就吃了你的食物，而且还不付房租。其中的典型代表之一是人乳头状瘤病毒（HPV），60%以上的宫颈癌就是由它引发的。这些病毒会聚集在宿主的基因组中并破坏基因表达。疱疹也会汇集到基因组中，在你的细胞中安营扎寨。常言道："爱情转瞬即逝，疱疹隽永流传。"这些整合病毒在细胞核中进行复制，其他病毒在细胞质中增殖（如寨卡病毒、西尼罗病毒、丙型肝炎病毒），但不会整合到基因组中。

人类并非单独与病毒斗争。猪有自己的内源性逆转录病毒，称为猪内源性逆转录病毒（PERVs），它是合成生物学的最大挑战之一。一家名为 Editas Medicine 的公司正在努力将 PERVs 从猪的基因组中分离出来，从而让人类器官在猪体内存活，再将这些器官从猪体内取出，移植到人类身上，以改善人类器官短缺的状况。如果在移植前不对 PERVs 进行抑制，这些在猪体内培养的器官就会被人类免疫系统排斥，引发排异反应（更多内容见第 5 章）。

事实上，无须直接整合基因组，病毒也能进人类细胞中。例如，小时候很多人都会得水痘，随后自己就解决了感染问题。然而，水痘病毒有自己的想法，像许多其他偷偷摸摸的传染源一样，它们会滞留于人体细胞内。这种病毒不会被人体清除，而是藏在身体各部位的神经元里。当免疫系统遭到抑制或病毒被重新激活时，就会出现令人痛苦的线状感染性皮疹，这种情况通常发生在老年人身上。

最后要提到的是，一些癌症甚至可以像流感一样传染。袋獾（*译者注：又称塔斯马尼亚魔鬼，大嘴怪，常常会患面部肿瘤病）的外表很奇怪——它们仿佛是存在于噩梦中的生物，看起来像是由狂暴疯狗与害羞蝙蝠交配而来的。的确，袋獾在交配过程中经常互相撕咬。在交配前，它们会不断咆哮、撕咬面部，将其作为前戏（如果你喜欢这样，请恕冒犯），这使得一种致癌病毒在袋獾之间传播。据推测，这些由病毒感染的肿瘤细胞的克隆体，至少存在一百年了，导致袋獾面部出现肿瘤，状若魔鬼。

鉴于这种情况，利用病毒来进行基因传递，确实令人不安。但我们需要承认，这种情况在生物学中实属寻常。幸运的是，人们对其的理解逐渐深入。目前，这种方式被应用于多种疾病的治疗，并可能沿用到 2040 年。同时，基因有效载荷的传递、编辑和监测方法不断出现，在降低风险的同时也提高了可预测性。我们已经知道大幅降低基因工程风险的方法了，实现这个目标只是时间问题。

基因组设计

基因编辑老方法

20 世纪 70 年代首次采用重组 DNA 技术以来，将新的 DNA 插入生物体基因组带来的不可预测性，导致其在安全性和临床适用性方面具有不确定性。然而，该技术的前景太诱人了，因为它是用功能性副本替换损坏基因的最有效的方法之一。只要能够轻易修改 DNA，我们的问题就只剩下如何使用基因疗法了。

1990 年，基因疗法首次取得重大成功，当时，一个名为阿山提·德西尔瓦的孩子使用了该疗法。她患有"泡泡男孩"综合征，这是一种严重的联合免疫缺陷（SCID），会使患者的适应性免疫系统失效，导致人体无法抵御病原体、细菌。为了解决这一问题，科学家和医生抽取了她的骨髓和纯化的白细胞（WBCs），然后用一种逆转录病毒将一个有效基因插入其中。最终，他们将白细胞注射回她的身体，帮助她的免疫系统重回正常。在五岁时，她可以自由外出了，而这是她有生以来第一次享受这种自由。

2002 年，法国的研究人员对十个孩子进行了类似的实验，研究人员使用了从患者骨髓中提取的干细胞，并制造功能性白细胞来抵御感染。令人振奋的是，该疗法起效了，SCID 似乎消失了。但是，到了 2007 年，其中四个孩子患上了白血病，其中一人因病去世，逆转录病毒整合过程的随机性是罪魁祸首。至少，对其中一个孩子来说，病毒已经整合到一个肿瘤基因附近，这可能会导致白血病或其他癌症。但是，这并不是唯一值得引起警惕的案例。

杰西·基辛格（Jesse Gelsinger）接受了基因治疗，但最终失败了，这件事足矣震惊世界。在临床试验中，研究者使用了一种腺病毒载体[*译者注：腺病毒（Adenoviruses）是一种未被包覆的 DNA 病毒，它的多种特性足以让其成为理想的疫苗载体。腺病毒载体被认为是绝对安全的，同时也是最适合基因改造的]来治疗一种被称为鸟胺酸氨甲酰基转移酶缺乏症（OTCD）的疾病，这种疾病会使血液中的氨不断累积，最终致命。作为患者来说，基辛格是比较健康的，他可以通过控制饮食来降低血液中的氨含量，从而减弱 OTCD 的影响。基辛格是临床试验中第 18 个接受治疗者，他在接受治疗后很快就出现了浮肿、不适和黄疸等症状。他还出现了强烈且痛苦的炎症反应，随后是肾脏、肝脏和肺部衰竭，陷入了昏迷。不到四天，他就去世了。

1999 年，基辛格的死亡导致了全球范围内对基因工程和对疾病采用基因疗法的恐慌，人们对此进行了全面调查。调查发现，临床试验中两位患者产生了严重的副作用，但科学家们没有立即通知机构或按要求暂停研究。此外，基辛格在接受基因治疗前进行的血液检查显示，他的肝功能很差，这意味着他根本不是最佳的试验人选。美国食品药品监督管理局（FDA）和美国国立卫生研究院（NIH）的研究表明，在基辛格去世前的七年，多达 691 名参加基因治疗试验的志愿者死亡、患病，然而，只有 39 起事件被及时上报。

詹姆·威尔逊（James Wilson）是宾夕法尼亚大学人类基因治疗研究所的主任，同时也是这起临床试验的负责人，他迫切地想了解事件的原因和经过。他致力于探索能够安全进行基因编辑治疗的其他手段，并找到了几个不错的候选方法（如腺病毒和 AAV 变种）。尽管如此，美国食品药品监督管理局还是指控威尔逊有几项研究违反了临床试验规范。2005 年，威尔逊同意在五年内暂停他的人类学研究，而他所在的大学需要向政府支付 51.4 万美元的赔偿金。

由于基辛格之死带来的恐慌，以及相关的监管政策，2000 年到 2001 年，基因工程临床试验略有减少。21 世纪初，有段时间，如果你说自己在从事基因治疗的研究，在一些学术领域内里，这便意味着一种专业责任。但是，基因疗法潜力无穷，令人无法抗拒。该领域充满了关于如何改进治疗、传递和包装基因有效载荷的想法。

科学家和临床人员不禁要问：我们是否能使治疗更加安全？基因疗法能否如我们所希望的那样有效？科学家在基因工程新理念的基础上，研究了多种新的基因治疗动物模型，通过多种途径使这种方法变得更安全。近年来，使用基因工程方法的临床试验不断增加（见图 4.1）。

虽然媒体将基辛格的死亡视为对整个治疗性基因编辑领域的挑战，但并没有导致新的试验被叫停。事实上，仅在 2000 年到 2001 年，将近 200 项新的基因工程临床试验启动。21 世纪初，可怕的头条新闻掩盖了现实，从 20 世纪 90 年代末到 20 世纪 20 年代及以后，基因工程临床试验的数量将稳步攀升，特别是一些针对癌症的试验。

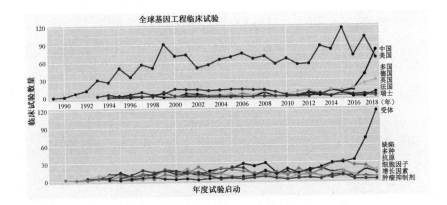

图 4.1 基因工程临床试验兴起。上图：特定国家每年的试验数量，美国每年的试验数量最多，2018 年被中国超过。下图：基因工程治疗的类型多样，特别是基于受体的治疗方法崛起，主要针对癌症的嵌合抗原受体细胞（CAR-T）临床疗法

　　人们的关注点一直很清晰：找到一种能够更准确地部署基因工程的方法。随机插入新基因有效载荷是有风险的，我们需要新的基因编辑方法，而这种方法很快就出现了。

基因编辑新方法

　　早期的基因治疗试验逐渐完善。如今，我们拥有了多种可以精准编辑特定基因的方法，这些新方法取代了过去随机添加来自腺病毒和 AAVs 的新遗传物质的方法，而后者可能导致了基辛格的死亡。此外，我们不断调整新方法，以此保证质量。比如，采用随机整合的方法，并在疗程开始之前进行例行检查。新的基因工程方法始于 20 世纪 80 年代初，主要围绕着酶展开。

　　基因组编辑的第一个工具出现在 20 世纪 80 年代末，来自被称为巨核酸酶的酶，它是内切核酸酶（Endonucleases）的一部分。正

如其名（endo 代表内部，nucle 代表 DNA 所在的细胞核，ase 代表酶），这些酶可以匹配和切割 DNA 的片段。基因组编辑的第一步十分关键，需要在选定的部位打破 DNA（DSB 双链断裂）。然后，就可以插入设计好的新序列中，修复 DNA，再让细胞重新上路，这就好比将自己的腿切断，再让自己变得更高。研究人员在非常具体的位置制造出 DSB 双链断裂，范围从 14 到 40 个核苷酸，这样就可以针对基因组中特殊的点进行操作。但是，并非每一个已知的 DNA 序列都有巨核酸酶，由于缺乏调控，大大限制了它们的治疗潜力。

因此，我们需要更多可扩展的新方法。20 世纪 80 年代以来，在遗传工程方面出现了三种新方法：第一，锌指核酸酶（ZFN）；第二，转录激活因子样效应物核酸酶（TALEN）；第三，规律间隔成簇短回文重复序列（CRISPR）。第一个使用这些基因编辑方法的临床试验始于 2008 年，由此开始，试验的数量和类型不断增加。2015 年以来，相关技术得到快速发展。

有关 ZFN 的研究利用了转录因子。转录因子是基因表达的主调控者，它不断扫描基因组，看看哪些基因应该被打开，哪些基因应该被关闭。如果你的基因是厨房里的电器（如冰箱、烤面包机、炉子、研磨机），那么转录因子就是一个开关。这些酶经过数亿年的进化而形成，可以读取特定的 DNA 序列（称为基序 motif），当它们找到自己所识别的特定基序时，就可以巧妙地控制你的细胞功能，就像我们快速认出自己的所爱之人那样。因此，ZFN 成为候选酶是理所应当的，它可以精确地瞄准 DNA 序列。

然而，转录因子也有自己的调节杠杆和开关。例如，当它"拥抱"一个锌离子时，就会变得更加稳定，从而识别给定的基序并与 DNA 相互作用。因此，如果将一个患病的基因组看成一个打开的文本页，你想进行"查找"和"替换"，那么转录因子是"查找"，锌离子是"回车键"，你需要将它与另一种酶配对，以实现"替换"功能。

ZFN 通过将两个原蛋白的片段合并在一起（称为融合蛋白）来完成"查找"和"替换"。大多数蛋白质在其大的三维结构中都有多个区域（Domain 结构域），这些三维结构的子部分可以合并在一起，ZFN 也不例外。因此，核酸酶实际切割 DNA 的部分（如巨核酸酶）可以与只识别特定位点的蛋白质片段（如 ZFN 和 TF 基序）连接，这样就能对整个基因组的特定位点进行切割。

然而，每个单一的 TF 基序都非常短（三四个碱基对），因此不具有特异性。在一个含有四个碱基的基因组中，使用三个碱基产生的目标，其多样性将只包括 4^3（$n=64$）或 4^4（$n=256$）的组合，这对于启用多类型目标来说太过局限。为了应对这一挑战，2002 年 Gior-dano 实验室的研究人员在一个结构中使用了七八个这样的 ZF 识别位点，这样 ZFN 就可以一次性针对 20~24 个碱基，研究人员便能够在小鼠癌症模型中的靶向血管生成所需的基因。这次实验展示了 ZFN 方法的特异性和功能。2008 年，它们被用于靶向胶质母细胞瘤细胞（体外）并增加其对治疗（糖皮质激素）的敏感性，但这并不是编辑基因组的唯一方法。

TALEN 与 ZFN 十分相似，它们合并了核酸酶的 DNA 切割蛋白结构域，但使用的是 TALE 而不是位点识别能力。然而，基于一个高度保守的 34 个氨基酸序列，它们的识别域要长得多。这些蛋白由一种被称为黄单胞菌的植物病原菌排出，通过与宿主植物启动子序列相结合的方式，激活感染期间帮助黄单胞菌的各种植物基因，重新规划其植物宿主。

由于 TALEN 的识别域比 ZFN 的长，它们在 2010 年年初迅速成为基因组编辑的首选方法。TALEN 的长结合位点（大于 30 个碱基对）使其具有更大的特异性，并降低了在人们不想编辑的部位（如致癌基因）进行"脱靶"切割的概率，而且其序列十分规律，更容易构建。基于这些特点，TALEN 可以准确地编辑需要治疗的身体部位。

CRISPR 与 TALEN、ZFN 相似，它在一个分子的引导下识别自己感兴趣的部位，切开 DNA，然后将想要的变化纳入其中。CRISPR 最为重要的一点是，它让基因组编辑更加简单。CRISPR 通过使用向导 RNA（gRNA）来工作，可以将整个分子机器引导到位，基于其高度特异性，导致 DNA 断裂。这里的关键部分在于，该项技术的"扫描元素"是一个 RNA 序列，而不是蛋白质基序，它允许识别 DNA。这意味着，只要你知道序列，就可以直接且轻松地合成针对基因组特定区域的必要分子。鉴于将核序列转化为其氨基酸的三维形状十分复杂，用 RNA 合成新的物质，比用高度特异性的基序合成新的蛋白质更方便。

裁剪基因——CRISPR 革命

通过了解 CRISPR 的历史、方法和背后的机制，我们明白了一个偶然的发现是如何迅速变为一个革命性医疗工具的。得益于人类几十年间的技术创新和工程发展，如今 CRISPR 已经成为分子生物学和临床护理的重要组成部分。这种生物编辑和工程方法的研究进程，将在未来 500 年内继续加速。而且，CRISPR 很可能在比较基因组学、精细机理实验和简单的生物学观察等方面发挥重要作用。回顾 CRISPR 的发展，有助于我们探索其他星球。

基因剪刀的发现

CRISPR 是被意外发现的。该方法最早由日本研究人员（包括石野芳泉）在 1987 年发现，当时他们正在克隆一种他们正在研究的酶的一部分，这种酶被称为 iap（碱性磷酸酶的同工酶转换）。在克隆过程中，他们注意到被克隆的 DNA 中出现了不寻常的重复序列。在遗传学中，重复序列往往产生于连续的部分或串联的部分，然而，这些重复序列却并不寻常。

在日本研究团队发现这种不寻常的重复序列时，人们还不清楚这意味着什么，但更多的证据很快就出现了。1993 年，荷兰一位名叫扬·范·恩布登（Jan van Embden）的科学家及其同事正在研究结核分枝杆菌，它是一种导致结核病的生物体，他们注意到了这种细菌的奇怪之处。结核分枝杆菌有一簇重复序列，他们称之为"中断的直接重复"，结果显示，不同结核病菌株的序列具有多样性。起初，恩布登的团队对这些重复序列感到困惑，不过，他们很快意识到，这些重复序列的分化是针对菌株的，基于此，他们便能做出针对特定结核分枝杆菌的先导化合物，如毒性更强的菌株和良性菌株。他们使用寡核苷酸（引物）来快速对菌株进行基因分型，这种方法至今仍在使用。20 世纪 90 年代以来，随着越来越多的序列数据的出现，我们可以从其他微生物中寻找线索。现在，利用桑格测序法，我们可以对细菌、古细菌等多种东西进行测序。

随着大量 DNA 测序数据的出现，生物信息学和比较基因组学等领域诞生，计算建模、信息分析、序列分析、计算机编程、生物学逐渐融合。最早的生物信息学家之一是弗朗西斯科·莫吉卡（Francisco Mojica），他是西班牙阿利坎特大学的一名博士生，那里的盐沼中有着可以在高盐环境中生存的稀奇古怪的生物体。从本质上讲，这就像在一个外星上寻找奇怪的生物体。例如，极端嗜盐古菌是一种具有极高耐盐性的古生物，它从西班牙圣波拉的沼泽地中被分离出来。莫吉卡研究了这些生物，随后，他的指导老师发现，培养基中的盐浓度改变了限制性酶切割微生物基因组的效果，莫吉卡想要找出造成这一情况的根本原因。

在莫吉卡得到序列数据后，他注意到了这种奇怪的重复序列。他看到了多个由 30 个碱基组成的回文序列的副本（意思是正向和反向都一样），这些回文序列被大约 36 个碱基的"隔离序列"隔开，这种排列方式与他此前观察到的都不相符。1993 年，他发表了自己的研究结果，并引用了石野小组 1987 年的研究。但是，这个现象仍然是一个谜。于是，莫吉卡观察了更多序列，打算找出原因。

1999 年，莫吉卡在阿利坎特大学建立了自己的实验室。拥有了自己的实验室之后，他做的第一件事就是扫描大型的古细菌数据库，从富盐菌属（Haloferax）和盐盒菌属（Haloarcula）中寻找这种特殊的重复序列。他注意到，同样的重复序列也会出现在其他物种中。他检索了大量文献中出现的新物种，截至 2000 年年底，他在 20 种不同的微生物中发现了重复序列。他的研究表明，受到进化的影响，重复序列会出现在世界各地生物体的 DNA 中。莫吉卡还发现，细胞中也发生了间歇性重复转录（变成 RNA）现象，这意味着重复序列在细胞中被激活（而不仅仅是作为 DNA 存在）。

2001 年，莫吉卡和鲁德·詹森（Ruud Jansen）提出，可以用 CRISPR 这个缩写代替文献中出现的各种名称。CRISPR 这个名称得到了承认，并很快被其他研究人员采用。CRISPR 的一个特点是，在原核生物中，重复序列总是伴随着一组独特的基因，这种基因被称为"CRISPR 相关系统"或 Cas 基因。莫吉卡和詹森通过研究，发现了 4 个 Cas 基因（Cas 1-4）。他们仔细检测了这些基因，发现它们拥有螺旋酶和核酸酶结构，这意味着它们有可能解旋 DNA 及切割 DNA。然而，除了这些早期假设，CRISPR 的功能仍然是个谜，人们仍不清楚产生重复序列的真正缘由。

基因剪刀的目的

在计算生物学和生物信息学最有说服力的一个案例中，计算机算法和大量计算为研究提供了重大线索。2003 年夏天，莫吉卡花了大量时间使用一个名为 BLAST（基于局部比对演算法的搜索工具）的序列比对程序，他将观察到的 CRISPR 重复序列与其他的序列进行比较。在此之前，他重复实验过几十次了，但他还是尽可能多地重复这个实验，因为 DNA 数据库总在不断更新、扩大。莫吉卡很幸运，他找到了一个与名为 P1 的噬菌体（一种感染细菌的病毒）相匹配的间隔序列，它能够被大肠杆菌感染，会将细菌中的一个适应性遗传系统（CRISPR 阵列）与感染它们的病毒（噬菌体）序列精确联系起来。就这样，他在细菌内部发现了一个新的防御系统。事实证明，莫吉卡研究的这些细菌都将 CRISPR 系统作为一个原始的细菌免疫系统，该免疫系统会记住曾经感染过它们的病毒。

有权限进入不同数据库的研究人员很快证实了这些结论，包括法国国防部的一个团队，吉尔斯·韦尔格诺（Gilles Vergnaud）和法国国家农业研究所的微生物学家亚历山大·博洛廷（Alexander Bolotin）都在这个团队里。在鼠疫耶尔森菌和其他细菌中进行的实验，进一步证实了噬菌体及其靶标的映射作用。2003 年，一个全新的 CRISPR 领域出现了。未来，我们可以用与此相同的方法比较在其他星球上发现的序列，更好地了解生物是如何适应各种环境的。

没过多久，世界各地的研究小组就开始深入研究 CRISPR 了。

第一个实验证据（而不仅仅是序列比对和据此推断）来自 2006 年的鲁道夫·巴兰古（Rodolphe Barrangou），他的研究表明 CRISPR 是一个"细菌免疫系统"。2008 年，来自芝加哥大学的卢西亚诺·马拉菲尼（Luciano Marraffini）和西北大学的埃里克·桑特海默（Erik Sontheimer）展开了第一个对 CRISPR 进行重新编程的实验。他们一直在努力破译 CRISPR 系统（如 RNA、DNA），以及寻找从零开始构建它的方法。

基因剪刀的机制

然而，当时人们并不清楚 CRISPR 究竟是如何在细胞中运作的。在 2007 年到 2008 年，两位研究人员，莫诺（Moineau）和达尼斯科（Danisco）专注于研究各种细菌，然而 CRISPR 在这些细菌中产生的效果并不理想，而且细胞只能部分抵御质粒的攻击。（*译者注：Plasmid，质粒，由 DNA 环组成的小细胞内含物，该环不在染色体中，但能够自主复制）研究表明，质粒的切割取决于一种 Cas 酶（在这个案例中，是 Cas9 核酸酶）。随后，他们对这些物质进行测序，并查看了序列以弄清原因。他们发现在切割点附近有以三个为一组的碱基，他们称之为原型间隔区相邻基序（PAM）序列。他们认为，病毒 DNA 是在相对于 PAM 序列的相同位置被切割的，这表明细菌在特定部位切割了归巢信标。更为有力的证据是，随着与质粒匹配的间隔序列越来越多，切割的位点也在增加。

约翰·范·德·奥斯特（John van der Oost）和尤金·库宁（Eugene Koonin）也进行了相关研究，他们发现 CRISPR 系统可以被完整地从一个细菌转移到另一个细菌中，还可以有效地"重启"其功能。他们进行了重新编程，在各种细菌中发现了不同种类的 CRISPR 系统（1 类与 2 类），还注意到这些细菌都有不同的 Cas 酶组。但是，对于这些细菌来说，这些协调的酶组均被激活成一个大框架（他们称之为串联），这需要让 RNA 经历多重加工，变成一个有 61 个碱基的 RNA，称为 CRISPR RNA（crRNA）。奥斯特和库宁发现，重复序列的最后 8 个碱基后面是间隔序列，然后是下一组重复序列。这些重复序列将 RNA 折叠成一个功能结构，从而使目标归位和切割得以实现。他们利用这种设计制作了史上第一个人工 CRISPR 阵列的合成版本——它能够为任何细菌设计定制疫苗。

研究人员马拉菲尼（Marraffini）和桑特海默（Sontheimer）计划在体外重新创建整个 CRISPR 系统，但要想在他们选择的细菌（S. epidermis）中实现这一点难度太大，因为表皮细胞拥有 9 个 Cas 基因，需要耗费很长时间。于是，马拉菲尼和桑特海默修改了 S. epidermis CRISPR 系统的靶向质粒。他们添加了一个"自我剪接"元素，如果 S. epidermis CRISPR 系统以 RNA 为底物进行运转，该元素就无法起作用，但是它能够在 DNA 上起到相应的作用，因为插入这个元素意味着 CRISPR 间隔序列不再匹配，免疫力和功能都将丧失。结果表明，CRISPR 能够在 DNA 上运作，不能在 RNA 上运作。正如马拉菲尼、桑特海默、埃里克·兰德（Eric Lander）所指出的那样，CRISPR 实际上是一种"可编程的限制酶"。

马拉菲尼和桑特海默最先指出，CRISPR 可用于其他细胞的基因组编辑，其中也包括人类的细胞。他们在论文中写道："从实用的角度来看，受特异性影响，破坏所有由 24～48 个核苷酸组成的 DNA 序列，可能具有相当大的作用，假如该系统能够在其本地细菌或古细菌环境之外发挥作用，那么它所具备的功效就更加明显了。"

2011 年，埃玛纽埃勒·沙尔庞捷（Emmanuelle Charpentier）和约尔格·沃格尔（Jörg Vogel）完成了 CRISPR 的最后一块拼图。沙尔庞捷一直在寻找有效的微生物 RNA，当时，她在威斯康星州的一次会议上遇到了沃格尔。沃格尔使用了高通量测序来更好地了解幽门螺旋杆菌的 RNA，发现它可能导致胃溃疡。这种测序方法的原理是，将所有的 RNA、DNA 片段分解并进行测序，然后将其映射到数据库中宿主基因组的 DNA 序列上——就像 2003 年莫吉卡在西班牙使用的 BLAST 算法，MetaSUB 联盟对地铁细菌 DNA 所进行的实验，以及我们在梅森实验室每天展开的研究那样。

当沙尔庞捷和沃格尔对细菌（化脓性链球菌）RNA 进行研究时，他们注意到一些与众不同的东西。他们发现了一种十分丰富但很小（小于 100 个核苷酸）的 RNA，其与 CRISPR 序列几乎完全匹配，是细胞中第三多的 RNA。比它更丰富的 RNA 是那些制造蛋白质的 RNA（核糖体 RNA、rRNA）和那些介导信息传递以制造蛋白质的 RNA（转移 RNA、tRNA）。这个发现令人震惊——它的基数如此之大，为什么一直没有得到重视？沙尔庞捷和沃格尔称其为反式激活 CRISPR RNA（tracrRNA）。他们证实了这种 tracrRNA 对 CRISPR 系统的功能至关重要，而且是归巢信标的最后一个必要部分。

剪向人类基因组

接下来，得益于珍妮弗·道德纳（Jennifer Doudna）[*译者注：道德纳是加利福尼亚大学伯克利分校的化学和分子生物学与细胞生物学教授。1997 年以来，她一直担任霍华德·休斯医学研究所（HHMI）的研究者] 和维吉尼朱斯·希克尼斯的研究，CRISPR 成为一个突破性的工具，而不仅仅是细菌免疫的一个特征。沙尔庞捷在 2011 年结识道德纳，她们开始合作，打算制作一个更简单的编辑系统。她们在一个完全人工的系统中（在体外）证明了以下几点：第一，

Cascade 系统可以切割 DNA；第二，有可能使用定制的 crRNA1[*译者注：crRNA，在分子生物学中，反式激活 crispr RNA（tracrRNA）是一种小型的反式编码 RNA，它最早在人类病原体化脓性链球菌中被发现]；第三，crRNA 和 tracrRNA 都是 Cas9 发挥作用所需要的必备条件。更为重要的一点是，研究表明所有机制在融合到单导 RNA（sgRNA）时也能很好地起作用，而单导 RNA 与感兴趣的 DNA 互相配对。这意味着你可以将基因组当作一份可编辑的文件，通过进化获得一个新的工具包，人类可以凭借思维和想象力来使用它。

虽然该机制的谜团解开了，也证实了它能够对其他生物体产生作用，但我们仍不清楚它能否在哺乳动物的细胞中正常运作。从 2012 年到 2013 年，大量实验表明，CRISPR 能够在哺乳动物的细胞中发挥作用。张锋和乔治·丘奇（George Church）计划在人类细胞中测试 CRISPR。但要做到这一点，他们就需要制作一个"优化密码子（Codon Optimized）"（*译者注：优化密码子是由三个化学单位或碱基组成的序列，能够在蛋白质合成中让特定的氨基酸排列起来，在遗传密码中由三个字母的代码表示）的 Cas9 酶，以便能够在人类细胞中运作。无论在地球还是其他星球上，这都是基因组工程及基因组设计的关键。

具体过程是这样的：一个生物体（如细菌）的蛋白质序列通过与第二个生物体的细胞内实际使用的编码子频率相匹配，接下来会在另一个生物体（如人类）中使用和表达。密码子是读取分子生物学（从 DNA 到 RNA 再到蛋白质）中心信条的中间环节，它使细胞拥有了各种功能。由于遗传密码有 4 个字母，而密码子有 3 个碱基长，所以就有 64（4^3）个密码子。这 64 个密码子几乎被地球上所有生物体使用，包括 1 个"开始"密码子和 3 个"停止"密码子的遗传密码。这意味着遗传密码存在冗余部分。因此，用 60 个密码子让 20 个氨基酸进行匹配，这些氨基酸会利用上述 tRNA 将一个氨基酸与遗传密码的一个三联体进行匹配。

但由于存在冗余部分，生物体会适应不同的环境并进化，因此它们的丰度和使用频率在不同的物种中是不一样的。例如，缬氨酸是一种由 4 个不同密码子（GUG、GUU、GUC、GUA）编码的氨基酸。在人类细胞系中，GUG 密码子的使用优先于 GUU 和其他密码子（使用率为 47%，其余为 18%、24%、11%），但大肠杆菌并非这样。大肠杆菌的细胞内，不同密码子的偏好各异，使用的是相同比例（35%）的密码子，而不是 28%、20%、17% 这样的不同比例。因此，要想设计一种能够在另一个物种中发挥作用的蛋白质，必须优化蛋白质中的密码子，让这些密码子及氨基酸在该物种的细胞中正常运转。如今，有关参考基因组物种密码子的使用情况已经十分明确了（GenScript 数据库包含了我们所需的全部数据）。至少以现在的技术水平，绘制图谱是一件很容易做到的事情。不过，在拥有足够的可供使用的基因组序列之前，这几乎是一个不可能完成的任务。

一旦该（蛋白质）结构体经过密码子的优化，就需要在哺乳动物的细胞中进行控制。张锋在 Cas9 酶中添加了一个"核定位"信号，这意味着它将被转移到人类细胞的细胞核中，并实现切割。但是，它的功能十分有限——切割和编辑的效果并没有达到他的预期。此外，张锋测试了不同物种的 Cas 酶，发现化脓性链球菌中的酶效果更好。虽然人类细胞中没有处理 RNA（如细菌的 RNase III）的细菌酶，（*译者注：RNase III 是一种核糖核酸酶，可以识别 dsRNA，并在特定的位置将其裂解，转化为成熟的 RNA）但人类细胞仍然可以处理 crRNA 并发挥作用，张锋由此找到了正确的 tracrRNA 序列。

到了 2012 年，他发现在人类和小鼠细胞中可以同时编辑 16 个位点，他了解到沙尔庞捷和道德纳的 sgRNA 研究成果，想出了使该系统变得更加简单的方法。他优化了这个系统，表明一个更新的 sgRNA 能够起到非常好的效果，并且可以应用于哺乳动物的系统。丘奇和张锋的研究表明，crRNA-tracrRNA 的全长融合可以很好地应用于人类细胞，因此，他们能够将细菌的工具箱开放给人类及哺乳动物的细胞。

基因剪刀的优化

随后，研究人员开始完善这一系统。2013 年，道德纳和丘奇合作，精准编辑了人类基因组的一个部位。AddGene 是一个构建体、细胞和基因组编辑工具及协议的存储库，几十个研究小组利用这个非营利性网站来测试这些系统。韩国的金镇秀表明，crRNA-tracrRNA 的全长融合可用于改变斑马鱼的生殖系统，这意味着哺乳动物、脊椎动物及潜在的系统都可以被随意编辑。道德纳和沙尔庞捷创建了彻底改变遗传学的系统，她们于 2020 年 10 月获得了诺贝尔化学奖。

然而，2018 年，两个不同的研究小组注意到，CRISPR 编辑会导致出人意料的后果，一个新问题出现了。由于 CRISPR 酶本质上是一把剪刀，跨越两条链切割 DNA，因此 DNA 需要被修复——而细胞也注意到了这一点。我们的老朋友 TP53 发现了这种损害，并被激活，以进行修复和清理。p53 有些不太对劲，因此它开始扫描基因组。

当然，这是一个细胞生命的正常部分。当细胞受到辐射时，p53 基因也会被激活。正因为如此，p53 是一个非常重要的基因，有助于使人们的 DNA 免受损伤。如果细胞不再对 DNA 损伤传感器做出反应，p53 就可以引导细胞自我毁灭，这个过程被称为细胞凋亡。但是，如果 p53 发生突变，这种安全机制就会被打破。事实上，在癌症中，当 p53 发生突变时，它可以导致突变细胞的突然出现和快速增长。这一现象在卵巢癌中尤为明显，在 95% 的肿瘤中，该基因都发生了突变。因此，如果你有一批细胞，一些带有野生型（非突变型）p53，一些带有突变型 p53，你用 CRISPR 剪开 DNA，那些自毁能力较弱的细胞将很容易被修复，并继续存活，而它们的野生型兄弟将自毁，以拯救机体的其他部分。

可悲的是，这正是治疗中的 CRISPR 细胞所发生的变化。事实证明，CRISPR 在功能失调的 p53 细胞中效果更好。由于 CRISPR 的关键抗病机制不再奏效，健康细胞会死亡，潜在的癌细胞会快速成长，类似于修复黑色素瘤之后，皮肤上会留下疤痕。正如丘奇曾经说过的，这实际上是一种"基因组破坏"。

2019 年，随着"先导编辑"的推出，基因组编辑领域出现了重大突破。麻省理工学院和哈佛大学布罗德研究所的戴维·刘（David Liu）及其同事，通过使用受损的 Cas9 内切酶和先导编辑引导 RNA（pegRNA），使得研究结果更精确。他们的目标是优化 CRISPR 系统，使其更加精确，减少脱靶效应，避免双链断裂造成的问题。刘改变了 Cas9，使其只在双螺旋的一条链上进行切割，而不是两条链，这有效避免了 p53 的选择问题。整个优化的 CRISPR 机制锚定在目标位点上，携带了所需的编辑及一个新设备——逆转录酶。逆转录酶可以将 RNA 转化为 DNA，然后利用嵌入 pegRNA 中的"修补我"信息来修补其感兴趣的位点。

这个令人兴奋的新系统在各种细胞中进行了测试。刘纠正了可能导致镰状细胞性贫血的单碱基错误（称为转位，在 HBB 基因中），改变了可能导致泰伊—萨克斯二氏病的 4 个并存变体（HEXA 中的一个缺失），在 PRNP 中安装了一个"保护性转位"，并将标签和表位插入目标位点。总之，他们在人类细胞系和初级后生（分裂后）小鼠皮层神经元中进行了 175 次编辑。

最令人兴奋的事情在于，先导编辑在使基因组发生变化方面效率更高，并且副作用比同源定向修复更少。具体来说，在已知的 Cas9 脱靶位点上，先导编辑诱发的脱靶编辑率比正常的 Cas9 核酸酶低得多（前者为 10%，后者为 90%）。先导编辑扩大了基因组编辑的范围，根据那些可以用 pegRNA 来解决的突变，原则上，我们能纠正多达 89% 的与人类疾病相关的基因变异。

但是，正如乔纳森·王尔德（Jonathan Wilde）和该领域的其他研究人员所指出的那样，该系统并不完美。pegRNA 方法是在人类系统中进行体外测试的，并不是在真实的身体中进行测试的，而人体显然比体外环境更加复杂。此外，提高细胞内的逆转录酶含量，有可能在培养皿中起作用，但在人体中，免疫系统可能不会产生很好的反应，甚至可能导致目标被破坏。如上所述，细胞内大量的激活和逆转录（DNA 转化为 RNA）可能是导致逆转录病毒的原因。随着令人兴奋的发现不断增加，研究人员也在寻找新的、更好的基因组编辑方法。

猎获更多基因编辑工具

2003 年开始，人们一直在扫描所有已知的细菌基因组，以找到新型的 CRISPR 阵列和新型的编辑构造。2016 年，张锋小组中的奥马尔·阿布达耶（Omar Abudayyeh）、乔纳森·古滕贝格（Jonathan Gootenberg）和席尔瓦娜·科纳曼（Silvana Konermann）发现了第一个可以靶向和编辑 RNA 的 CRISPR 系统，并将它命名为 Cas13a。2017 年，他们证实，这种方法可以与等温（相同温度）扩增法一起使用，从而建立了一种基于 CRISPR 的诊断方法，他们称之为 CRISPR-Dx。利用这种诊断方法，我们能够快速检测 DNA、RNA，该方法具有极高的灵敏度和单碱基错配特异性。他们的检测平台名为特定高灵敏度酶报告器解锁（SHERLOCK），用来检测寨卡病毒和登革病毒的特定毒株，区分致病细菌，以及识别肿瘤 DNA 的突变。2020 年，SHERLOCK 被 FDA 批准，用于 COVID-19 患者的 SARS-CoV-2 病毒检测。最令人兴奋的是，SHERLOCK 反应试剂可以被冻干，能够制成试纸，应用于现场检测，可在疫情期间大量使用。

研究人员还在寻找更多的 CRISPR 阵列，揭示新的生理习性，了解细菌所遇到的噬菌体。CRISPR 阵列的大小各不相同，但大多数都有一个富含 AT 的引导序列，然后是由独特间隔区分出来的短重复序列。CRISPR 重复序列通常为 23 ~ 55 个碱基，有时它们显示出序列对称性，这使得 RNA 中的自折叠结构和茎环路（或称"发夹"茎环结构）成为可能。在不同 CRISPR 阵列中，间隔序列的大小通常为 21 ~ 72 个碱基，但在任何 CRISPR 阵列中，重复间隔序列通常少于 50 个。

阿布达耶和古滕贝格的开创性研究与莫吉卡在 20 世纪 90 年代末开展的研究类似，他们尽可能多地获取元基因组数据，以寻找新的 CRISPR 元素和 CRISPR 阵列。阿布达耶和古滕贝格仅从 MetaSUB 数据中，就发现了超过 80 万个新的 CRISPR 阵列。Arbor 生物科技公司等研究了新的 CRISPR 阵列和推定酶。随着越来越多的物种测序工作的完成，人们也在更加努力地寻找新的生物学方法。

疾病和表观基因组编辑

我们刚刚打开了进化慷慨赠予我们的遗传工具箱。这些工具需要进行改进，而这种改进并不仅仅是为了提高其安全性，也是为了确保它们在哺乳动物的复杂细胞中起到应有的作用。也许，在 500 年计划的第三阶段和第四阶段中，最重要的一个假设是，21 世纪初，基因工程不会是最后被发现、开发和部署的。未来，新的基因组技术，将把我们从一个基因组编辑和嵌入的时代，带入一个纯粹的基因组编辑时代。据估计，目前地球上约有 1 万亿个物种，而我们只发现了其中的几十万个。此外，基因数据的数量（如被测序的碱基，见图 4.2）正呈指数级增长。因此，从 2020 年到 2040 年，更多的 CRISPR 方法，细菌、真菌的编辑、免疫和基因组修改机制，可能会以指数级的速度被发现。不过，利用目前尚未完善的基因编辑工具箱，我们确实可以真正治愈一些疾病。

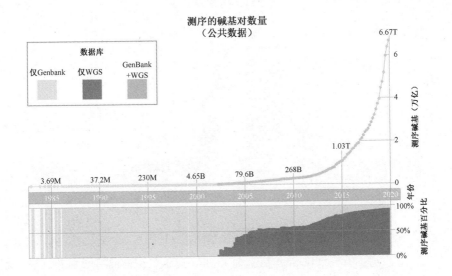

图 4.2　DNA 数据的增长：1982 年以来，测序的碱基数量每年都在持续增长，图中是 Genbank（灰色）和 WGS（黑色）的可视化碱基测序情况

现在，基因工程的作用在临床试验中得到体现。从 2018 年起，使用 ZFN、TALEN 和 CRISPR 的临床试验创下了新纪录（见图 4.3）。2019 年，利用基因编辑，人们首次治愈了两名镰刀型细胞贫血症和 β-地中海贫血症患者。在治疗开始前，这两名患者都需要通过输液补充红细胞，保证氧气充足。CRISPR Therapeutics 公司与 Vertex 制药公司合作，研发了一种自体疗法来治疗这种疾病（细胞来自同一患者称为"自体"，而"异体"意味着细胞来自捐赠者）。他们从患者身上取出造血干细胞，利用 CRISPR 对其进行改造，移除阻止产生胎儿血红蛋白的基因，从而使该基因复苏，然后将细胞输给患者。在接受自体干细胞移植后，两名患者血液中的胎儿血红蛋白含量，比临床医生所希望的还要高（超过 30%，而之前至多只有 10%）。然而，患者所接受的治疗并不轻松，需要通过多次化疗，杀死自己的干细胞，从而使工程改造细胞进入免疫系统。不过，镰刀型细胞贫血症患者并不是唯一可以从中受益的人群。

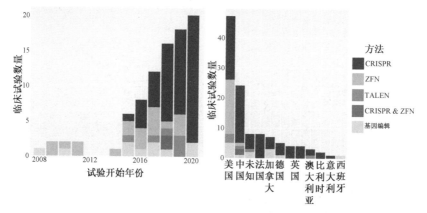

图 4.3 美国临床试验数据库中的基因编辑临床试验类型：使用基因工程的临床试验始于 2008 年，包括 CRISPR、ZFN、TALEN 及基因编辑等。左图：按年份划分的试验。右图：按国家分类的试验

我们计划通过基因编辑让患者摆脱疾病的痛苦，中国的科学家

为我们提供了很多帮助。在短短 4 年内（2012 年至 2016 年），中国从没有开展嵌合抗原受体（CAR）临床试验（一种基因工程疗法，能够精确地靶向身体中原本无法靶向的细胞），变为开展 CAR 试验次数最多的国家之一。2015 年，中国首次宣布对人类胚胎进行编辑，2018 年，贺建奎表示，第一批 CRISPRed 人类婴儿诞生。贺建奎想帮助一对年轻的艾滋病毒携带者生下对该疾病有免疫力的孩子。因此，他设计了一个 CCR5 的基因缺失，这是 T 细胞上的一个重要受体。CCR5 是大多数 HIV 病毒株的细胞门，在那里，HIV 可以进入细胞，但是如果没有这个受体，大多数病毒毒株就无法进入其中。

CCR5 缺失是由柏林的医生发现的，当时他正在治疗一名接受骨髓移植的 HIV 患者。出乎意料的是，这名患者的 HIV 病毒载量在几个月后大幅下降，以至于检测不到。随后，医生停止了对他使用抗逆转录病毒药物。更加令人惊讶的事情出现了，患者体内的病毒载量在几个月内一直保持在相当低的水平，这种状态持续了数年。这名患者被称为"柏林患者"，他是个幸运儿。之所以产生令人难以置信的结果，是因为他的捐赠者的骨髓细胞发生了意外突变——CCR5 缺失。

CCR5 缺失的优点取决于细胞、时间和具体情况。CCR5 在细胞内可以做许多事情，这使得它具有多态性（像大多数人类基因一样），而且它所产生的作用可以根据细胞类型、时间，甚至感染类型而改变。罗宾·克莱因（Robyn Klein）和其他研究人员的研究表明，拥有一个功能齐全的 CCR5 受体，人体就更有可能感染 HIV，但是，CCR5 受体能大大降低感染西尼罗河病毒（WNV）的概率。这是由于 CCR5 限制了 WNV 感染 T 细胞的能力，并防止神经元和体内其他细胞受到感染。换句话说，CCR5 的工作副本在 WNV 中可以保护人体不受损害，但在 HIV 中会带来致命风险。在 2020 年至 2040

年，研究的重点是，确定所有人类基因的多态性，找到基因编辑在不同情况下产生的具体结果（无论为了预防 HIV 还是为了提高在太空中生存的能力）。

我们可以从如今的人类基因组中获得经验教训。在一项名为"复原力项目"的大规模调查中，人们试图找到那些本应死亡却仍然活着的人。基因"超级英雄"很可能发生突变，导致重大疾病，但这些人不知以何种方式避免了患上疾病。纽约西奈山伊坎医学院的陈荣、杰森·博比（Jason Bobe）、斯蒂芬·弗兰德（Stephen Friend）和埃里克·沙德特（Eric Schadt）收集到了这些人的信息。在理想情况下，如果这些新发现的突变可以保护人们免受疾病的侵害，而不仅仅是纠正致病的突变，那么这些突变也可能成为基因编辑的候选基因。从理论上讲，只要不是太迟，我们就有机会对胚胎进行编辑。

目前，博比、弗兰德和沙德特发现了新一类抗 HIV 的"超级英雄"。这里有"控制精英"，他们被感染也能将 HIV 维持在非常低的水平；有"长期共存者"，他们已经被感染，但并未丧失免疫功能，身体状态良好；还有"中和精英"，他们对 HIV 产生了有效的中和抗体，但这种情况并不寻常。虽然目前基因组测序和基因组工程仍处于早期阶段，但从长远来看，这些数据十分有用，不仅可以用来修复出错的地方，还可以改进已有的东西。利用不同患者的基因组，我们可以找到治疗未来的患者的方法，无论患者位于地球上还是在地球之外。

关于我们是否可以编辑人类胚胎，并产生基因设计的孩子之类的问题是没有意义的，在技术层面，这些完全能够实现。现在，我们的主要问题是，我们应该如何进行基因编辑，何时开始这项任务，或者我们是否永远都不应该做这件事。日本在 2018 年发布声明，允许对人类胚胎进行基因编辑，其对彻底治愈疾病的技术拥有浓厚兴趣。

调控 DNA 甲基化

选择性激活和抑制相同的遗传密码，这种奇妙的能力使细胞在发育过程中具有非凡的可塑性。表观基因组是细胞生物学的电子控制箱，当出岔子时，后果可能不堪设想。与大多数复杂系统一样，错误可能会出现，表观遗传的变化可能致病。一些疾病主要根据其表观基因状态而不是遗传变化来分类，这些疾病可能显示出较高的 DNA 甲基化（*译者注：DNA 甲基化为 DNA 化学修饰的一种形式，能够在不改变 DNA 序列的前提下，改变遗传表现。DNA 甲基化能引起染色质结构、DNA 构象、DNA 稳定性及 DNA 与蛋白质相互作用方式的改变，从而控制基因表达）水平（CH_3），DNA 装配方式会发生改变（开放与封闭），也可能只是装配染色质内的蛋白质产生变化。白血病、胶质母细胞瘤和结肠癌可以表现出"超甲基化"的表型，会导致侵略性癌症出现。值得注意的是，即使我们没有观察到已知的致病基因发生改变，这种情况依旧会发生。

就像上述的基因组编辑方法一样，表观基因组也可以成为编辑、调整和设计的目标。我们对候选位点的了解来自那些已知的在正常发育、压力或疾病期间会发生变化的区域。从胚胎开始，几乎所有的表观遗传标记都被重置了，也就是说，几乎所有的甲基化水平都被设置为零，从而使它们能充分发挥潜力。然后，一个接一个的位点被甲基化，基因被设置为静默状态，以创建一个其感兴趣的特定细胞类型。如果你想把一个细胞，如神经元，变成另一个细胞，如心脏组织，理论上来说，你只需要知道所有需要改变的部位就可以实现。我们可以通过两种主要方式来实现：一是修改 DNA 碱基的类型（如胞嘧啶与 5-甲基胞嘧啶），二是调整染色质的状态和类型（赖氨酸的单甲基化与三甲基化，开放的染色质与封闭的染色质）。

鲁道夫·雅尼什（Rudolf Jaenisch）在 2018 年表明，表观基因组编辑可以应用于脆性 X 综合征的治疗，甚至可能治愈这种疾病（至少对小鼠来说是这样的）。脆性 X 综合征是男性智力障碍最常见的遗传形式，它是由 FMR1 基因的高甲基化引发的，会使基因保持抑制状态（关闭基因活动，就像你拨动收音机开关来关机）。过度甲基化的部位主要在 CGG 重复序列内（特别是 5'UTR）。为了应对这种疾病，雅尼什的团队打算用一种方法来拨转表观遗传的开关——逆转甲基化，并重新激活基因表达。

要想拨转表观遗传的开关，就需要发明一个新的表观遗传编辑工具箱。但是，正如前文讨论的 DNA 编辑和 CRISPR，我们可以从生物学中获得经验，而不需要凭空发明新事物。在通常情况下，胞嘧啶甲基化由一种叫作 DNA 甲基转移酶（DNMT）的酶控制，该酶将胞嘧啶（C）转化为甲基胞嘧啶（mC），将 mC 变为 hmC，细胞的"内部审计程序"所需的"文本工作"将碱基转化为原来的 C，去除 DNMT 最初添加的静默口令。这是表观基因组中改变碱基的正常循环的一部分，它控制着基因及其调控区域何时及如何被使用。TET1 和其他 TET 基因（TET2、TET3）的突变与白血病、心血管疾病有关——这一关联突显了它们在表观遗传调节中的重要作用。

为了编辑表观基因组，TET1 酶可以与改良的 CRISPR 系统相结合，来靶向特定位点并控制甲基化。在这种情况下，雅尼什和他的同事将失活的 Cas9（dCas9）蛋白与 TET1 酶合并，使用单导引 RNA 将 FMR1 基因改为活性状态，恢复了 FMR1 在诱导多能干细胞（iPSC）中的表达。然后，他们从修饰过的诱导多能干细胞中创建了神经元，这些神经元表现出有效的正常电生理模式（野生表型）。这些编辑过的神经元被移植到小鼠的大脑中，以测试它们一旦回到原来的微环境中，那些变化是否会被保留——就像有人在增强重力的火星环境中训练，希望回到地球时可以在马拉松比赛中取得更好的成绩。

这些细胞能够进行自我控制——编辑工作成功了！在接受移植的小鼠大脑中，经过编辑的神经元保持了 FMR1 的表达。但是，这个高难度移植过程说明，这种方式很难应用于患有脆弱 X 综合征的患者身上，因为需要切除、编辑和替换患者体内的所有神经元。患者的大脑一刻不停地运转，并且其中还存有他们喜欢的回忆，患者们肯定不会接受这个方法。尽管如此，雅尼什和他的同事表明，在已建立的大脑神经元（有丝分裂后）中，有可能实现 CGG 重复序列的直接去甲基化，FMR1 表达有可能重新被激活。这意味着无论患者的疾病是由什么导致的，可能是遗传或表观遗传，都可以被治愈。

EPI-EPIOME 表观-表观组

表观基因组位于基因组的上层，用于控制 DNA 的功能；表观转录组同样位于转录组的上层，主要控制 RNA 的功能。随着基因工程工具的完善，在所有表观组学的控制之上产生了一个新层次，我们可以称之为表观-表观组（*译者注：表观-表观组是真核生物基因的一部分，在剪接后会被保存下来，可在蛋白质生物合成过程中被表达为蛋白质。外显子是最后出现在成熟 RNA 中的基因序列，又称表达序列，既存在于最初的转录产物中，又存在于成熟的 RNA 分子的核苷酸序列中）。编辑表观基因组并不局限于胞嘧啶甲基化，我们甚至可以编辑支撑 DNA 的支架——染色质。染色质是 DNA 和蛋白质的混合结构，它能够将 30 亿个碱基的 DNA 压缩到只有几微米那么大。如果你把一个细胞的 DNA 拉长，长度大概能达到两米。

这么长的 DNA 不仅被塞进了每个细胞内，还留出了足够的空间，以便分子在必要时能够进行访问和读取。这好比把一根长度相当于世界上最高建筑（828 米高的哈利法塔）的绳子，压缩到能够放入手心中。

这种非凡的包装不仅对保护 DNA 很重要，而且对调节也起到关键作用。这种调节是由创造染色质的蛋白质介导的，染色质像 DNA 一样被修改和调整。如同其他蛋白质，组蛋白在基因组中被编码为 DNA，然后转录成 RNA，再由核糖体翻译成独特的蛋白质。这些蛋白质被称为组蛋白，它们以两组二聚体（H2A-H2B）和一个四聚体（H3-H4）的形式聚集，然后合并在一起，在细胞核中形成一个八边形的蛋白质（H2A-H2A-H3-H4），其他组蛋白则作为连接物（H1、H5）。表观遗传学编辑工作的重点是，在 H2、H3 和 H4 中的基因调节核心"组蛋白代码"。这样的表观遗传学，就好比取三个冰激凌筒，每个冰激凌筒都有成对的口味（4，2，2），我们需要将它们合并成一个新的八勺甜点塔。

细胞发展出了多种控制基因表达的方法，例如，对 DNA 包裹组蛋白紧密程度的调节，改变了基因的可及性，也影响了基因调控。在组蛋白顶部进行修饰，使染色质的精确开放和关闭成为可能。就像 DNA 修饰的目录一样，有一系列转译后修饰（PTMs）可以在组蛋白和其他蛋白质上发生。尤其是 H3 和 H4 组蛋白，它们有长长的尾巴，而这是用 PTMs 进行调整和修改的肥沃土壤。这些修饰代表了细胞控制各种基因、蛋白质活性及作用的"组蛋白密码"和"表观遗传密码"的一部分。组蛋白修饰涵盖了许多我们熟悉的概念，如甲基化和乙酰化，还包括诸如磷酸化、瓜氨酸化、SUMO 化、ADP-核苷酸化和泛素化等变化。正如基因、物种和许多生物学模式一样，新的修饰类型仍在不断被研究人员所发现。总有一天，新的 PTMs 或组蛋白将出现在新的星球上，我们可以将它们带回地球并进行使用。

组蛋白代码本质上是一个巨大的开关板，影响着基因组在细胞类型和细胞反应中的表现。就像驾驶舱中的一大片彩色开关，专业人士可以用它来控制飞机的高度、速度和方向，但如果让孩子来操控飞机，就会出现灾难性的后果。因此，我们必须十分谨慎地切换组蛋白和细胞的表观遗传状态。负责添加及去除修饰的酶（本质上是飞行员打开或关闭开关）的命名非常恰当，例如，组蛋白甲基转移酶，是将甲基转移到组蛋白上；组蛋白乙酰转移酶，是将乙酰基转移到组蛋白上。此外，组蛋白的修饰有自己的命名法，这种命名法十分直白。第一，组蛋白的名称，如 H3 代表组蛋白 3；第二，修饰在组蛋白尾部的位置，如 K4 代表第 4 个赖氨酸（氨基酸字母 K）；第三，修饰的种类，如 Me 代表甲基化，Ac 代表乙酰化；第四，添加的修饰数量，如 1、2、3 分别代表单甲基化、双甲基化、三甲基化。通过修改各种组蛋白尾部的特定位点，我们可以（在理论上）改变细胞的状态、类型。

在 2015 年之前，让这些酶服务于人类的构想仍然像科幻小说一般。蒂莫西·雷迪（Timothy Reddy）和查尔斯·格斯巴赫（Charles Gersbach）发表了关于组蛋白修饰的研究成果，其特点体现为一种全新的构造，这为雅尼什实验室的研究铺平了道路。他们构建了一个基于 CRISPR-Cas9 的乙酰化转移酶，使用了失活的 Cas9（dCas9）蛋白，让其与人类乙酰化转移酶（p300）的活性部分融合。这种融合蛋白使组蛋白 H3 在赖氨酸 27（H3K4Ac）处发生乙酰化，导致启动子的目标基因及远离这些目标位点的基因（近端和远端增强子）被显著激活。此前，人们尝试过其他基于 dCas9 的激活剂，但它们的乙酰转移酶只使用单一的引导 RNA 来锁定其感兴趣的区域，因此只改变了来自增强子区域的基因表达。

雷迪和格斯巴赫的研究表明，他们的系统是模块化的，只要将他们的 p300 结构域与其他 DNA 结合蛋白融合，基本上就可以编辑任何 DNA 或修饰组蛋白。理论上来说，通过调整各种修饰的组合，无论何时何地，你都可以用一个基因做任何事。有了这些工具，我们就如同拥有了一个有意识的调节层，它位于基因组、转录组、蛋白质组、表观基因组和表观转录组之上，也就是表观-表观组。

编辑灭绝物种的基因

基因工程的灵感来自荒芜之地，甚至包括多年前已经灭绝的物种。目前，细胞工程的工具有着巨大潜力，但未来的工具无疑将更为强大。当然，灵感并非只源于活物，许多问题的答案完全可以从已灭绝的遗迹中获得。

每年夏天，在俄罗斯西伯利亚，猎人和拾荒者会徘徊在贫瘠的土地上，寻找一种他们称为"白金"的东西，也就是古老的猛犸象的獠牙。令人惋惜的是，他们找到象牙及其碎片后，就在全球市场上出售，售价高达每千克 1000 美元。猛犸象曾经在西伯利亚很常见，但作为在地球上的最后一个冰河时代幸存下来的物种，它们却无法在猎人的围猎与不断变化的环境中存活。公元前 4000 年左右，地球上最后一群猛犸象死去了。

2013 年，一个研究小组在俄罗斯雅库茨克发现了埋在西伯利亚永久冻土中的一只几乎完美保存的雌性猛犸象尸体。它的身体几乎完好无损，研究人员发现了三条完整的腿、躯干和部分头部遗骸。

当研究人员移出这具猛犸象尸体时，他们发现一种呈凝结状的大块暗红色物质从中渗出——这是来自灭绝生物的血液。对于遗传学家来说，这就是"红金"。据碳测定法估计，毛茛（这只猛犸象的名字）大约生活在 4 万年前。

有了保存完好的毛茛的 DNA，包括丘奇博士在内的科研人员终于有机会实现那个渴望已久的梦想了：复活毛茛。如果我们能将毛茛所拥有的 4 万年前的猛犸象 DNA 拼接到亚洲象（最接近目前存活的同属生物）的去核胚胎（去掉细胞核的胚胎）中，使一个已灭绝的物种复活，那会怎样？如果这对猛犸象有效，那么我们是否应该将这项技术应用于其他物种？

答案是肯定的，人们为"复兴与恢复计划"（RRP）专门开设了一个网页，用于介绍复活猛犸象的进展。1700 年以来，至少有 63 个已知的物种走向灭绝，可能还有数百万个我们尚未发现的微小物种也在人类殖民和气候变化中走向灭绝。RRP 的目标是保护生物多样性和遗传多样性，恢复被削弱的生态系统，并减少人类在过去对环境造成的伤害。基于从中获得的经验教训，未来，我们能够避免其他生物的灭绝，也包括避免人类自身的灭绝。

中国深圳的华大基因生物技术公司带头推进了这项工作。在连绵的青山和闲适的火烈鸟中，坐落着中国国家基因库。在入口处，一个巨大的猛犸象雕像在迎接游客，在猛犸象的侧面有一行醒目的中英双语宣传语，"永存才能永生"。走入大门，你可以看到有关生物技术和遗传学历史的详细总结，展示知识和数据所带来的强大力量。

再往前走，在标志着遗传学新时代的 NGS 机器后面，有一系列关于各种动物的雕塑和照片，并附有博物馆风格的标语牌。在每一种动物下面，都有关于其灭绝的细节。实际上，这是一张"反灭绝的路线图"，其目的是让生物（如信鸽）起死回生，要让生物和从前一样健康，或变得更加健康，而不是像僵尸一样的动物标本。虽然实现这些目标十分困难，而且一些人可能会觉得这种设想太过怪异，但该路线图带给我们一个启示，那就是我们可以找回已经灭绝的大多数生物。在写这本书的时候，人们还没有将已灭绝的生物重新带回人间，但到了 2040 年，我们可能会复活数个已灭绝的生物，让它们重新漫步地球。

复活灭绝的物种可能看起来是一件正确的事情，但也是一件极具道德感的事情（根据物种伦理学），我们不应该轻易尝试这么做。从生态系统中删除一个物种可能会产生意想不到的后果，重新引入一个已经灭绝了几千年或几百万年的物种也会产生难以预料的后果。让猛犸象复活，让其在西伯利亚平原上生存，可能对全球变暖有益，因为它们可以在草地上吃草，以降低永久冻土融化时碳排放的速度。不过，猛犸象也可能破坏生态系统。它可以算是早已灭绝的病毒的储存库，很可能毁坏生活在平原上的哺乳动物的小家，它们还会通过肠胃释放甲烷。为此，我们需要进行测试，了解复活灭绝的物种的利与弊，以便做出相应的调整。

虽然控制过去、现在和未来的演化看起来难以实现，但事实上，我们已经在设计和修改物种及周围的环境了。以前，我们做这件事只是趋于偶然，现在，我们在责任感和目的性的驱使下做这件事。这种自我指导的演化过程是人类发展中的一个必要环节，最终，我们会完成这项任务，道德义务推动着我们不断前进。唯有人类拥有保护其他物种的能力，因此我们更应该承担相应的责任。如果我们什么都不做，则所有的生命必将走向灭亡。我们必须采取行动，尽最大努力，避免产生最糟糕的后果。

如果你询问毛茛的意见，它很可能表示同意。

胚胎编辑与设计

2021 年到 2040 年，我们的主要任务是发现新的细胞工程工具，改进现有的技术，利用各种系统在临床试验的体外和体内环境来研究复杂的疾病。正如极具突破性但又存在潜在风险的新技术一样，一些基因组可能复活，将一个物种的功能转移给另一个物种。最后，这些工具将不可避免地指向胚胎的第一个细胞。

然而，通过调节细胞工程技术来实现胚胎编辑，很可能需要一个漫长的过程。在 2015 年 12 月的人类基因编辑国际峰会上，组委会就这些技术的恰当用途发表了一份声明。他们表示，继续进行制造转基因儿童的临床应用是不负责任的，除非满足以下两个条件：第一，相关的安全性和有效性问题得到解决；第二，社会对该做法的恰当性达成共识。

2019 年，也就是贺建奎因制造 CCR5 CRISPR 编辑的儿童而被判刑那年，许多开创 CRISPR 方法的科学家（Lander, Baylis, Zhang, Charpentier, Berg 等）呼吁，暂停全球所有人类生殖编辑的临床使用，也就是终止改变可遗传的 DNA（在精子、卵子、胚胎中）来创造转基因儿童的尝试。他们指出，这存在许多选择的平衡性和多态性问题，而且我们对遗传学和细胞生物学的认知尚不完整。我们试图在一个生物学系统中扮演上帝，但尚未知晓其全部组成部分，我们甚至无法获得一个完整的模型，因此，这种尝试充满风险。

我们可以通过其他自然发生的等位基因的修改来减少产生疾病的风险，这看似是一种温和的方法，但也会产生难以预测的影响。例如，一个 SLC39A8 的基因变体可以降低患高血压和帕金森病的风险，但会增加患精神分裂症、克罗恩病和肥胖症的风险。正如在免遭西尼罗河病毒的侵害，感染艾滋病与 CCR5 之间权衡利弊一样，我们也需要对基因突变进行权衡。世上没有免费的午餐，一个生物体也许可以在转座元素中偶然得到"一块免费的饼干"，但这种情况十分罕见。从临床试验和科学研究中可知，我们必须做出合乎道德的选择。然而，我们目前对生物学领域的认知尚不完整。

尽管如此，美国国家科学院和美国国家医学科学院依旧对生殖系基因编辑表示认同。2017 年，他们表示，在严格的监督下，可以对严重的疾病进行可遗传的种系编辑临床试验，但非可遗传的临床试验应限于治疗或预防疾病。他们建议，只有在满足以下条件时才可进行基因编辑：第一，找到合理的替代方案；第二，只限于编辑导致或易导致严重疾病的基因；第三，存在关于风险和潜在健康益处的可信临床前或临床数据；第四，在临床试验期间持续进行严格的监督；第五，有长期的多代跟踪的全面计划；第六，要能持续评估健康和社会风险，广泛、持续地听取公众意见；第七，拥有可靠的监督机制，以防止被非法应用。

由此，产生了一个拟议的测试等级，用于确保基因工程的安全。美国国家医学院、美国国家科学院和英国皇家学会进行了多次讨论，凯·戴维斯（Kay Davies）博士和理查德·利夫顿（Richard Lifton）博士进行主导，丘奇博士、杰夫·伯克（Jef Boeke）和安德鲁·赫塞尔（Andrew Hessel）开展了关于基因组计划编写（GP-write）的会议。科学执行委员会（包括我自己在内）和 GP-write 的成员正在为未来的计划做相应准备。他们建议，基因工程的步骤包括以下内容：第一，动物模型；第二，体外人类细胞；第三，狗；第四，灵长类动物；第五，人类细胞；第六，人类。但是，由于细胞的多态性和不同的发育轨迹（其中一些是已知的，大多数是未知的），我们需要对这些疗法进行测试，同时还需要在不同遗传背景（祖先）之间及整个发育过程中进行比较。要想做到这一点，我们需要从胚胎发育的第一个细胞开始研究，还涉及试管、子宫环境，以及体内、体外的基因地图。

试管婴儿

大部分关于编辑和修改人类胚胎的研究是由临床医生和研究人员利用体外受精（IVF）完成的。第一个体外受精婴儿名为路易丝·布朗（Louise Brown），她的母亲莱斯利·布朗（Lesley Brown）于 1977 年受孕，并在次年 7 月生下了她。莱斯利患有输卵管梗阻，利用前沿科学技术，她的问题得到了解决。1999 年，露易丝有了自己的孩子，这证明试管婴儿可以像正常孩子一样成长和繁衍后代。同时表明，利用辅助生殖技术（ARTs），我们可以创造出健康的人类，他们可以生育自己的孩子，这有助于减少人们对试管婴儿可能在某些方面有缺陷的担忧。截至 2021 年年底，在美国出生的所有婴儿中，约有 2%的婴儿是通过试管授精的方式出生的。

目前，关于 ARTs 的安全性和相关疾病的风险仍在研究之中。例如，在培育试管婴儿的过程中，一些强效的药物被用来诱导排卵，胚胎则在体外培养、冷冻和解冻，这通常需要使用大剂量的黄体酮来辅助发育——生长于子宫内的胚胎通常不需要经历这些过程。此外，卵胞浆内精子注射（ICSI）直接将精子注入卵质中，这就免除了通常发生在卵母细胞膜上的选择过程（排除那些游泳能力差的精子），有助于减少异常的、可能有病的精子成为生命的概率。一些研究将试管婴儿、ICSI 儿童与产生高血压、胰岛素抵抗的风险联系起来。不过，目前还没有明确的研究表明我们需要放弃这个方法。

有缺陷的线粒体（细胞的"能源库"）对胚胎来说是毁灭性的打击，这会导致胚胎在出生前死亡，或在出生后出现抽搐、疼痛等症状，预期寿命也会缩短。在美国，每 4300 人中约有一人患有线粒体疾病，如利氏病。儿童的线粒体几乎都继承母亲的卵子，我们有两种方法来解决问题：要么在受精前修复卵子，要么在受精后修复胚胎本身。在修复卵子的过程中，我们需要将拥有健康线粒体的卵子捐赠者和拥有不健康线粒体的准妈妈的卵子放入盘中。首先，分离准妈妈的细胞核，其中含有她的人类基因载荷。然后，破坏捐赠者的细胞核，将准妈妈的细胞核插入捐赠者的卵子中，该卵子仍有健康的线粒体。经过以上步骤，现在卵子已经包含了准妈妈的细胞核，可通过父亲的精子来完成受精。

利用这两种方法可以创造健康的"三体"婴儿。2015 年，英国通过立法，使这些"三体"婴儿的出生合法化。2017 年，与此相关的医疗许可证获批。2018 年，两名受试者通过这种方式治疗肌阵挛性癫痫伴随红纤维病（MERRF 综合征）。在这一方法产生之前，我们只能预测儿童的发育过程，而现在，这种已被普遍承认的、可报销的医疗可以为儿童的成长保驾护航。

人造子宫

胚胎设计、编辑和选择的下一个重大技术进步将是创造一个人造子宫，胚胎可以在里面生长发育，直到足月。人造子宫也被称为体外子宫，早期作用是让早产儿在脱离母体后能够存活下来。1996 年，桑原佑树和他的研究小组致力于寻找降低早产儿死亡概率的方法。他们使用了 14 个在正常妊娠 4 个月后通过剖腹产出生的山羊胎儿，将它们放置在体外子宫的外室中，与脐带和合成胎盘相连，用人工羊水模拟了怀孕山羊子宫内的液体、营养物质和温度。大多数山羊胎儿都没能活下来，仅有几只存活了三周，成长至足月，但它们的身体或多或少存在缺陷，如发育畸形、肺部问题。

2003 年，在纽约康奈尔大学生殖医学和不孕不育中心的生殖内分泌实验室主任刘洪清制作的体外子宫中，一个小鼠胚胎几乎长到了足月。刘洪清使用了由子宫内膜细胞组成的人体组织片，也就是子宫内膜，但它们的厚度不够。为了解决这个问题，她构建了更好的三维组织网络，制成了与实际子宫更相似的体外子宫。小鼠胚胎被置于其中，生长出血管并不断发育。自此，哺乳动物体外子宫不再仅仅存在于科幻小说之中。

2017 年，费城儿童医院的科学家们将这些想法扩展到了小鼠以外的动物上——羔羊。他们研发了一种用于羔羊胎儿的体外子宫，这好比一个充满人工羊水的塑料袋。羔羊的脐带被连接到一台机器上，这台机器作为胎盘为羔羊提供氧气和营养物质，同时清除生物废料。研究人员将机器放在一个黑暗、温暖的房间里，为羔羊胎儿播放其母亲的心跳声。与 20 世纪 90 年代的日本山羊研究类似，该设备成功地帮助早产的羔羊胎儿正常发育一个月。虽然实验仅为初期阶段，但仍为早产儿发育提供了事实依据，可视为在体外单细胞、胚胎阶段就能使孩子完全发育的第一步。

史上最接近可移植的子宫并非人工合成的产物，而是来自一位捐赠者。2014 年 10 月，一位接受子宫移植的瑞典女性生下了一个试管婴儿。这位准妈妈原本没有健康的子宫，她借用她的一位 60 多岁的朋友的子宫来进行生育，后者已经绝经 7 年，没有使用子宫的需求了。英国医学杂志《柳叶刀》报道了这一成功案例，表明一个患有先天性无子宫女性（如 MRKH 综合征），或一个切除了子宫的癌症患者（如子宫切除术），可以通过子宫移植生下自己的孩子，就像好友共享衣服，密友共享器官那样。

体外子宫还有一个实际作用，那就是帮助那些无法自己受孕的夫妇。这个过程与使用代孕母亲或捐赠的子宫一样安全，甚至安全程度更高。不过，对于代孕母亲来说，怀孕期间可能出现并发症，风险较高。目前，代孕市场初具规模，但未来它的秩序可能被人工子宫所扰乱（*译者注：代孕在世界上大部分国家是违法行为，会产生严重的伦理问题，本书作者此处仅讨论美国的辅助生殖技术）。

一旦人工子宫在未来成为寻常的医疗设备，将引发更多复杂的社会问题。在美国，保证女性拥有堕胎权利的法律条文，来自 1973 年具有里程碑意义的美国最高法院罗伊诉韦德案，其主要依据是，胎儿在 28 周之前无法离开母体生存，以及对于孕妇的身体健康和选择权的保护。2021 年，在医院的孵化舱中，24 周大的婴儿已经越来越常见，技术的进步进一步减少了胎儿在母体外生存所需的时间。随着体外子宫的出现，孵化期将不断缩短，最终可能不再需要孵化期，而且每个胚胎都可以生长至足月。这样的技术转变有可能动摇罗伊诉韦德案的结果，并将胚胎的控制权从母亲手中转移到国家手中，类似于反乌托邦小说《使女的故事》。不过，这也会带来一些好处，比如，每个女性都可以准确选择怀孕的时间、方式和怀孕时长，并确保不会出现流产之类的情况。

此外，还有胎儿和儿童发育等方面的问题。约翰斯·霍普金斯大学的珍妮特·迪皮埃特罗（Janet Dipietro）的研究表明，怀孕的过程为胎儿和母亲之间提供了交流的双向通道，这种交流在子宫外会停止。迪皮埃特罗表明，胎儿可以对母亲的情绪做出反应，甚至可以对母亲的位置或情绪变化做出即时反应，而且胎儿也在不断沟通，提醒他们的母亲在输运荷尔蒙和化学物质的同时也要关注他们。然而，在第一个版本的体外子宫中，这种联系很难复制，而且可能会丢失。

如果我们失去了这种联系，如果每个人都使用体外子宫，那时我们可能会怀念传统的生育方式。然而，产妇健康数据显示，目前人类分娩的过程中伴随着各种风险。即使在现代医学的帮助下，美国每年仍有数百名女性死于分娩，世界各地每年有数千人因分娩而离世。胎儿的头围变得越来越大，通过阴道口生产变得越来越困难，导致剖腹产的比例不断增加。另外，先兆子痫和产前并发症的发生率也在上升，怀孕可能导致妊娠糖尿病，而妊娠糖尿病并非总会在胎儿出生后痊愈。显然，怀孕和分娩的过程并不轻松。随着技术的发展，我们可以解决这个过程中出现的种种问题。未来，人们会得到新的解放。

从生命主义到新生命主义

目前，很多人并不认可在子宫外孕育生命的做法，他们认为生育和怀孕的过程带有一种天生的魔力。15 世纪，科学界掀起"生命主义"运动，参与者认为生命是最为独特的存在，因此永远不能被简化为分子结构。他们认为，生物体与非生物体有着显著区别，因此受不同的原则支配，生物体中必然存在某种非物理元素——一种在受孕时就被赋予的"灵魂"，嵌入到生命的每根纤维中。根据这种想法，任何有机化合物都不可能来自无机物。

但是，这一观点后来被证明是错误的。1828 年，德国化学家弗里德里希·沃勒（Friedrich Wöhler）使用异氰酸银和氯化铵从零开始合成尿素，而不是等它从人体中产出。就这样，源自无机物的有机化合物出现了。此后，克隆、胚胎干细胞和试管婴儿不断取得突破，刷新了我们对发育的理解，并帮助我们不断理解这个过程。洛克菲勒大学的阿里·布里万卢（Ali H. Brivanlou）和埃里克·西吉亚（Eric Siggia）的研究表明，人类胚胎可以在一个盘子里继续存活，可自行发育 14 天。系统生物学表明，即便是生物体中的复杂动态过程也可以被建模和预测。人类子宫和体外子宫都是在化学、物理学和生物学不断发展中出现的，并非源于某种神秘魔法，这两种子宫都可以创造生命的奇迹。

人类子宫是进化的美妙结果，它可以通过有目的的工程化来改进。任何与怀孕有关的风险（包括中风和心脏病发作的风险）及怀孕对人体造成的高生理压力都可以在外植体的帮助下消除。例如，高龄产妇（大于 30 岁）患乳腺癌和其他癌症的风险较高，因为产妇暴露于波动的荷尔蒙（雌激素和孕激素）下，这些激素导致细胞分化、生长，引发癌症。事实上，妇女在第一次足月妊娠的年龄越大，患乳腺癌的风险就越高。简单地说，与从未生育的妇女相比，30 岁以上首次生育的女性患乳腺癌的风险更高。此外，刚经历过分娩的妇女患乳腺癌的风险会在短期内增加，但大约 10 年后，其患乳腺癌的风险会下降，这可能与怀孕带来的激素激增有关。

不过，怀孕还可能降低患上其他癌症的风险。例如，伯恩斯坦及其同事的研究表明，与第一次怀孕并在 30 岁以后分娩的女性相比，20 岁以前分娩的妇女患癌症的风险大约仅为前者的一半。另外，生过 5 个及以上孩子的女性，特别是年轻女性，其患乳腺癌的风险是没有生过孩子的女性的一半。此外，曾经患过先兆子痫的女性或长期（至少 1 年）进行母乳喂养的女性，其患乳腺癌的风险更低。

通过更好地了解怀孕的生化作用，我们可以为母亲和她们的孩子提供一个两全其美的方案——一种联合治疗，降低患上癌症的风险。理论上，我们可以设计一个设备来模拟女性怀孕时的生化反应，这个设备可以与胎儿所在的外植体子宫相连。如果胎儿在外子宫里踢腿，母亲（或父亲、其他生命体）就可以通过这个设备感知胎儿的动作，实现密切连接。要想取得成功，关键在于完善人类的体内发育过程，并实现远程孕育。在这种情况下，远程孕育者将获得生育过程中的所有体验，而不必真正亲身经历这个过程。这个计划建立在工程和医学监测的基础之上，动物模型和流行病学的数据表明，未来我们的确有可能改变怀孕和生产的艰难过程。

展望未来

经过几十年的发展，无法彻底治愈或需要终身医疗干预的疾病将越来越少。最终，任何细胞都将能够被用来改造成人体中的其他细胞（通过基因和表观遗传学的调整）。对基因组编写（而不仅仅是编辑）而言，DNA 的合成成本将大大降低，对于母亲和胎儿来说，人工子宫将比活体妊娠更加安全。综上所述，这些技术和生物奇迹将把人类带入一个健康、安全和长寿的新时代。

在这个理想世界里，从所有活着的或将要通过基因复活的生物中收集遗传工具（通过基因复活），可以降低风险，改善其他生物体的生活。就像一个孩子可以把玩具捐给他们想帮助的其他孩子一样，生物体也能在特定环境中分享彼此的独特能力和演化战略，这种分享将不断延续。未来，我们将着眼于长期的太空任务，把人类送往更多星球，监测生物工程的进展，不断完善计划等。

THE NEXT 500 YEARS

Engineering Life To

Reach New Worlds

第三阶段：人类和细胞工程的长期试验（2041—2100 年）

"于某些哲学家而言，从变形虫到人类的进化过程，显然是一种进步。然而，变形虫是否同意这个观点，我们不得而知。"

——伯特兰·罗素

2040 年，基因组编辑和表观基因组编辑将变得普遍、安全、准确且价格合理。而且，我们将能够根据治疗和临床需求，有选择地引导体内特定类型的细胞分化。基于这些技术进步，我们能够创造受保护的基因组。届时，我们可以迅速把这种预防性保护措施应用在宇航员身上，包括为进行长期太空飞行的宇航员提供相关保障。这些技术可能会被广泛采用并深植于社会，其中一些在 21 世纪初就已经得到了应用。

逆转失明的基因疗法

世界各地的科学家自人类基因组识别之初，就下定决心，要使基因编辑变得安全、普遍、便捷。21 世纪初，美国国立卫生研究院（NIH）大力支持科学家实现这一目标。NIH 为有潜力快速推进一个领域发展的项目投入大量资金，包括针对科学家与临床医生的"高风险、高回报"拨款。2018 年 1 月启动的"体细胞基因组编辑（SCGE）

计划"就是 NIH 的重点资助项目之一，旨在提高基因编辑的功效和特异性，以治疗由基因突变引起的常见疾病、罕见疾病。这是一个资金充足、组织有序的为遗传疾病"纠正错误"的计划。研究人员利用资金研发细胞特异性和组织特异性运输工具，以创建更精确的基因组编辑工具。

如果只需要编辑或修改一种细胞类型，如心脏细胞，那么特异性是最重要的。如果用于心脏的基因组编辑器瞄准不当，可能会破坏大脑中的神经元或肾脏中的肾单位。如前文所述，基因组编辑存在关键的技术限制——递送。大多像 CRISPR 这样的碱基编辑酶因为太大而无法放入腺相关病毒载体中，因此我们必须使用其他目前临床上不太常用的技术，使它们能够进入必要的细胞。此外，我们还面临精度和编辑控制等方面的挑战。如果某基因短暂的广泛表达变化是必需的，且可以通过表观遗传编辑来增强，那么基因组编辑工具只需转瞬即逝的表达就足够了。但是，如果基因治疗需要在特定细胞内添加特定的基因，并且有可能影响其他细胞的功能，产生负面影响，那么基因编辑只能发生在目标细胞类型中或者只在这种细胞类型中表达。

我们举一个细胞类型特异的体内基因工程的例子，主要针对眼睛。第一项由爱迪塔斯医疗（Editas Medicine）和艾尔建（Allergan）提供的针对莱伯氏先天性黑内障（LCA）失明的 CRISPR 治疗于 2018 年 12 月获得 FDA 的批准。LCA 是遗传性儿童眼盲的常见病因，大约每十万人中就有三人患有此病，此前人们没有治疗或治愈该疾病的方法。患有这种疾病的患者通常只能看到模糊的形状，大多数患者最终会失明。LCA 的种类有很多，该疾病是由一个基因子集（如 CEP290、CRB1、GUCY2D、RPE65）中的各种突变引起的。基因突变的原因各不相同，因此，我们需要为不同患者设计相应的疗法。这种针对单一变异的 LCA CRISPR 治疗作为概念验证，或许可以完全治愈疾病。

新的 CRISPR 疗法建立在基因疗法的早期研究上。首个腺相关病毒（AAV）LCA 疗法名为 Luxturna，于 2017 年获得 FDA 批准，可用于治疗莱伯氏先天性黑内障二号（LCA2）。这个疗法的原理是，病毒携带有效载荷进入视网膜细胞，取代有缺陷的基因。Luxturna 似乎疗效不错，目前尚未出现副作用，利用该疗法，在荷兰的一个相关试验中，60%的参与人员视力得到提高。现在，有了病毒载体和 CRISPR 编辑，人们有可能通过特定基因在特定细胞的体内修复遗传产生的基因错误。

体细胞基因组编辑和治疗性基因组编辑的非凡时代才刚刚开始。一旦这些程序的有效性和安全性得到验证，我们将能够直接在胚胎中编辑致命或使人衰弱的突变基因。人们可以在研究过程中密切监控突变基因，并在必要时对其进行纠正，以提高婴儿的存活概率，从而有效改善个体的生活质量。事实上，高阶段特异性和细胞特异性的治疗，代表人类拥有了匹配药物与患者的最佳疗法。

重编程细胞的基因疗法

然而，如果一个人的疾病不是由基因驱动的，该怎么办呢？如果基因的情况非常复杂，导致长期的特定细胞类型受损，又该如何是好？例如，如果一个人逐渐失明，我们知道这是由于哪些细胞丢失而导致的。因此，我们可以为特定的患者设计高度特异性的治疗方式。在理想情况下，科学家可以重编程其他细胞来收拾烂摊子，并恢复细胞的功能。

的确，这样的做法是可行的。人类的视网膜拥有约 2 亿个杆状神经元，用来确定是否存在光亮或黑暗。还有一小部分（大约 500 万个）细胞是视锥神经元，用于辨别颜色和图案。杰夫里·玛姆（Jeffrey Mumm）2018 年的研究表明，在一个用于失明研究的斑马鱼模型中，当其视锥神经元受损时，可以把视杆神经元转化为视锥神经元来重建色觉。研究人员通过对视网膜细胞进行多重 CRISPR（一次性改变基因组中的多个不同区域），来实现从中视杆细胞向视锥细胞的转化。这是一笔挺划算的交易，因为如果你重编程 500 万个杆状神经元，还会剩下很多可供使用的视杆细胞（约 1.95 亿个）。因此，我们可以对现有细胞进行重编程，来应对黄斑变性和失明。

但是为什么不能两全其美呢？为什么不保留 2 亿个视杆细胞并恢复视锥细胞？如果拥有足够的细胞重编程能力，是有可能重新分化细胞并使它们不对称分化（即分成两种不同的细胞类型）的。在这个过程中，人们可以利用已经存在于组织中的细胞，使其分化为特定的细胞类型，同时保留原来的细胞。

一旦这些高度复杂的疗法的疗效和安全性在地球上得以证实，我们就可以在模拟的火星环境、火星空间站，甚至火星上使用它们。这些技术对于解决人类远离地球时可能出现的问题至关重要。有了它们，我们不再需要为每位患者设计不同的药物，只需要用一个系统来合成一个模块元件，就可以按需调整了。

火星大本营（Mars Base Camp）是一个计划绕火星运行的空间站，洛克希德·马丁公司计划在 2040 年将其送入轨道。届时，关于人类在其他星球能否长期生存，以及凭借什么实现长久生存的问题将变得尤为有趣。我们可以重编程细胞来应对可能出现的挑战。要想做到这一点，我们首先需要知道我们面对的是什么。

面向太空的基因防御

当我们前往火星时，我们将穿越范艾伦辐射带和地球的保护磁层。这些保护层为地球和地球上的所有生物提供全面保护，使我们免受太阳辐射和银河辐射夜以继日的猛烈轰击。这种保护性的电磁屏蔽来自地球不断旋转的铁水核心，使迎面而来的辐射发生偏转，从而远离我们。地磁场是一个无形的盾牌，也是地球上存在生命的根本原因之一。

如果你赤身站在火星表面，你会遇到一些麻烦。这些麻烦不是法律方面的，而是以如下形式出现：皮肤暴露在寒冷环境及辐射（火星目前缺乏保护性磁层）下。火星曾经有过熔融核心和保护性磁层（还有丰富的流动水），然而如今，这颗行星的大部分铁核都停止了活动，因此，宇航员需要面对的暴露在辐射中的严峻考验不仅存在于他们停留在火星表面的时刻，在他们前往那颗美丽的红色星球的旅程中，同样考验重重。火星上的辐射不同于人类在地球上面对的各种情况，也不同于 21 世纪的各种太空任务（见附图 2）。

美国核管理委员会（NRC）假设任何高于零的辐射剂量都会增加患癌症的风险，这意味着并不存在真正安全的暴露阈值。暴露在强度越来越高的辐射中的宇航员，他们身体细胞的损伤将会越来越重，因为并非所有双链 DNA 断裂、重排、突变都能够得到修复。此外，虽然损坏严重的细胞可以通过自毁来拯救其余部分，但是细胞凋亡的机制是不完美的，还会随着年龄的增长而逐步衰退。所有这些"分子损伤"——细胞、表观遗传和遗传的变化及伤害，都会增加患上心血管疾病和其他疾病的风险。

为了明确辐射对人类的生物影响，我们使用单位希沃特（简称"希"，Sv）对其进行衡量。通过希的定义，我们已知 1 希（或 1000mSv）

等于增加了 5.5%的患癌概率——这是辐射的主要风险之一。1 毫戈瑞（mGy）的暴露量（物理上的辐射量）会导致 1 毫希的生物效应（0.001 希）。辐射研究被称为"剂量学"，有时使用其他单位，如伦琴（R，1 伦琴相当于 10 mGy），也可以表示为 rad，或"辐射吸收剂量。"显然，放射学家喜欢留着多个单位备用。

当斯科特在距离地球表面 400 千米处以每秒 8 千米的速度绕地球运行时，他每天接受的辐射相当于 4 次胸部 X 光（一次胸部 X 光的辐射量大约为 1 毫希），约为 0.43 毫希。这个日辐射量远小于阿波罗宇航员前往球并返回时所承受的辐射量（13～16 毫希），并且小于某些核成像的辐射量，如心脏压力测试是 40 毫希。然而，当斯科特返回地球时，他的剂量计（测量辐射的仪器）显示总共 146 毫希，是一个相对较高的辐射总剂量。我们还需要注意瞬时剂量（见图 5.1）和长期辐射之间的差异，短时间大剂量辐射比长期相同剂量辐射更危险。

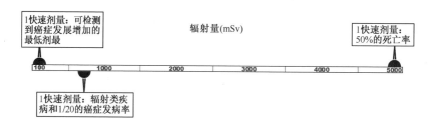

图 5.1　单一剂量的辐射风险：不同水平单剂量辐射的预期后果

流行病学研究发现，一个人死于由辐射导致的癌症的概率，与他所在地的函数有关。海拔越高，如居住在山上，大气越少，对辐射的保护作用就较小。当然，辐射也可能来自下方，如我们周围的土壤和石头，其中含有铀、氡、钍和其他天然辐射源。美国人均自然辐射剂量约为每年 2.4 毫希，是全球平均值（0.6 毫希）的 4 倍。落基山脉的辐射量比美国平均水平高 3 倍，相对于太空中飞行一年的辐射，对斯科特而言，这些剂量不算多。根据美国核管理委员会的计算，在长达一年的任务中，斯科特患癌症的概率提高了 0.58%。

幸运的是，所有 NASA 宇航员都享有健全的医疗服务，并且大多数人都会参与纵向健康研究，以识别和检测各项风险和生理变化。我们了解到，突变及其潜在的影响，就像 NASA 的双胞胎研究。这些体细胞突变会影响缓慢分裂的细胞，如造血干细胞（HSC），以及它们分裂速度更快的后代。有时，HSC 中的突变会导致血细胞"克隆扩增"，斯隆-凯特琳纪念癌症中心的罗斯·莱文（Ross Levine）博士和梅森实验室于 2012 年发现了与此相关的证据。

2018 年，杜安·哈桑（Duane Hassane）博士、盖尔·罗博兹（Gail Roboz）博士、莫妮卡·古斯曼（Monica Guzman）博士等对此进行了进一步研究。他们表明，利用这些突变，可以预测癌症和心血管疾病的发展情况，这种预测甚至可以提前 15 年。突变的细胞就像一颗滴答作响的定时炸弹——它们已经完成了转变为癌症所需的两次突变（称为"二次突变假说"）中的第一次突变。事实上，通过研究克隆造血作用，我们加深了对血液中的风险和炎症机制的了解。跟踪突变情况，确定相关风险，必要时实施介入疗法，这些措施对于安全探索火星和其他行星至关重要。从某种程度而言，我们都是突变体，关键是我们要知道自己究竟属于哪种突变体，又将生存在哪个星球上。

这种缓慢的、不可阻挡的走向分子遗忘和血液中不断加快的突变进程，就像一列无法阻止的失控火车，但事实并非如此。最终，我们能够监控这个过程，在必要时进行干预，还可以减缓甚至停止这个过程。纽约大学的基斯·爱凡提斯（Iannis Aifantis）和斯隆-凯特琳纪念癌症中心的奥马尔·阿卜杜勒-瓦哈卜（Omar Abdel-Wahab）在小鼠模型中的研究表明，维生素 C 可以减少血液中突变克隆的出现比例（称为等位基因变异频率，VAF）。这些数据表明，采用预防性治疗，可以降低患上白血病和心血管疾病的概率，甚至可以避免患上这些疾病。

有趣的是，当我们分析斯科特的部分纯化细胞时，我们发现他携带了一些 TET2 基因的突变克隆。突变克隆的整体等位基因变异频率降低，导致在经历了长达一年的太空任务后，他的"血龄"变得年轻了。鉴于他稳定的"表观遗传年龄"和更长的端粒，如前文讨论过的那样，这似乎并不奇怪。然而，2020 年，当研究人员再次分析他的血液时，等位基因变异频率不仅恢复到正常水平，而比以前更高了。此外，斯科特的双胞胎兄弟马克，其突变速度与斯科特的明显不同，双胞胎血液中的突变呈现不同的轨迹。当我在 2020 年向两名宇航员提供这些数据时，一个问题出现了："能不能用 CRISPR 把这些突变消除？"我不得不这样回答，"在老鼠身上，这是可以的。但在人类身上……目前还不行。"

这体现了对基因组编辑技术进行严格测试的必要性，为未来的研究奠定基础。要想构建面向太空的基因组防御措施，需要先确定可能出错的地方（如选择辐射诱导的突变克隆），例如，如何识别（持续监测等位基因变异频率），如何干预（通过基因编辑来删除发生突变的细胞），何时进行干预（如果突变与癌症或其他风险的增加有关）。在理想情况下，这些通过药物或营养素（如之前讨论的维生素C）在特定情境下高度特异性的遗传，以及通过表观遗传编辑实现的防御措施，都是预防性的，而不是反应性的。

地球之外

这些克隆造血指标，甚至斯科特在国际空间站一年承受的辐射，仍然在地球磁层的安全范围内。随着人们距离地球越来越远，进入太阳系的更深部分，甚至到达太阳系之外，风险也会变得越来越大。在火星上待一年，会使宇航员暴露在大约 250 毫希的辐射中，而往返火星为期 30 个月，可能会使宇航员暴露在大约 1200 毫希的辐射中。实际辐射量基于遥远的死亡恒星的银河宇宙射线量，以及来自我们自己的恒星的耀斑。耀斑在很大程度上取决于太阳在活动大极和活动小极之间的 11 年自然周期——通过太阳黑子在太阳表面的活动可见。

单个火星任务的预期辐射水平接近宇航员的职业生涯极限，目前该极限受给定宇航员的年龄和性别的影响。值得注意的是，目前，这些限制基于对日本原子弹幸存者寿命的研究，该研究是目前针对高剂量辐射对人体的长期影响的最全面研究之一。研究结果显示，女性经过辐射，患上癌症的概率更大。这种现象不仅在女性组织衍生癌症（如乳腺癌和卵巢癌）和男性组织衍生癌症（如前列腺癌）中存在，而且存在于肺癌中——女性的风险高出两到三倍。然而，这项研究并未达到预期效果，无法真正评估太空飞行对人体带来的风险。

举个例子，25 岁女性的职业生涯限制（1000 毫希）少于男性同行（1500 毫希）。随着人们年龄的增长，最大积累量会增加，因为身体有更多的时间从太空损伤中恢复过来。显而易见，人们的剩余寿命会更短。例如，55 岁的女性（3000 毫希）和男性（4000 毫希）的职业生涯限制比年轻的宇航员高得多，这再次说明了辐射结果随着时间的推移而产生的差异。为了改进我们的模型，目前各项研究正在进行，如 NIH 的百万人研究。基于此，我们能够更好地了解长期暴露于低剂量辐射环境中产生的后果。当然，最好的信息源于宇航员本身。随着太空开始向游客开放，以及 NASA 和其他国家开展更长时间的太空任务，我们将获得更多关于宇航员的信息。

然而，宇航员在广岛、长崎和低地球轨道承受的辐射与在探索木卫二（*译者注：欧罗巴快船是 NASA 正在开展的一项轨道器行星际航行任务。该探测器计划于 2024 年 10 月发射，主要目的是在环木星轨道上，通过一系列的飞越来研究伽利略卫星——木卫二）等严峻任务中承受的辐射相差无几。木星的巨大引力创造了一个剧烈波动的磁层，几乎与太阳相当。木星两极附近的被困粒子在附近的木星卫星上聚集、加速最终爆炸。在木卫二冰冷的表面上站立一天，宇航员将暴露在 5500 毫希的辐射下。宇航员在接受 500 毫希的辐射时，造血（人骨骼中的血细胞形成过程）功能基本停止；在接受 5000 毫希的辐射时，会导致白内障。从踏上木卫二的那天开始，按照这个速度，宇航员 30 天内的死亡概率约为 50%。显然，人体需要被保护。

人们喜欢行星和卫星的原因有很多，这些天体可以作为一个巨大的盾牌，为宇宙辐射提供免费保护。当你站在地表时，行星的一半都会为你提供保护，因为来自你脚下的所有辐射都必须先通过你所在的行星。此外，行星能够以厚厚的大气层或风化层（土壤）的形式提供免费的保护毯、防护罩，你可以躲到它们下面。然而，如果外部保护不可用，或者无法提供理想的长期解决方案，那么我们可以在人体细胞内部建立基因保护机制。

通过基因抵御辐射

如前文所述，有关基因防御的经验可以来自任何生物体，包括大象中 p53 的额外拷贝，以及缓步动物中的 Dsup 基因。我们将继续研究极端微生物及其独特的适应策略，为未来适应恶劣环境（包括新行星）提供解决方案。从前、现在和未来太空任务的经验教训将帮助我们更好地理解人类对太空飞行产生的反应，并增强抗辐射能力。

我们可以通过将 TP53 和 Dsup 相结合的方式增强抗辐射能力。我们需要高度特异性的工程和剂量补偿研究来提高抗辐射性，使其不会因为细胞内表达过多的 TP53 而产生负面影响。如果我们能够用理想的调控方式来控制表达的整体水平和时间，就可以采用迭代的方法一次一个地不断添加其他基因，并确定细胞的反应。抗辐射性可能来自很多基因，然而我们尚未在自然界中发现这些基因。此外，我们还可以通过研究在太空飞行的宇航员，发现活跃的基因。在斯科特为期一年的任务期间，他的 8600 多个基因发生了显著改变。这些基因中的任意一个基因，都可能对 DNA 修复、自由清除、DNA 包装机制及途径产生积极作用。

正如 NASA 的双胞胎研究那样，在太空飞行过程中，存在许多与端粒相关的活跃通路，包括它们的长度、包装和维护。虽然端粒缩短与年龄增长有关，但个体之间的差异很大，目前，我们尚不清楚修改这些基因对人类有帮助还是会导致更糟糕的结果（如癌症）。这些基因的广泛测试将从 2021 年持续到 2040 年（第二阶段），从 2041 年到 2100 年（第三阶段），我们可以将更多的候选者列为跨多代的基因组保护者。大卫·辛克莱（David Sinclair）等人的开创性研究进一步确定了可以延长寿命的基因，如 SIRT1。仅调高体内所有细胞中 SIRT1 的表达，可能会产生负面影响，尤其是在 T 辅助细胞亚群中，会损害分化。因此，如果选择该基因作为工程目标，它就需要具有细胞类型特异性的受控表达。SIRT1 与之前讨论的基因 CCR5 一样，同样是多效性的，因此需要高度特异性的组织靶向"向性"，以细胞类型特异性方式实现不同水平的表达。向性是生物材料响应外部引导的方向，其本质上是就是蜂窝 GPS。例如，某些眼部疗法仅对视网膜细胞起作用，某些病毒会感染身体的特定区域，如针对皮肤或子宫颈的 HPV。此外，Min Yu 博士的研究表明，循环肿瘤细胞，即进入血液系统的癌细胞，可以表现出转移向性，这会导致癌症根据其基因表达谱转移到身体的特定部位。设计这种向性在历史上一直很困难，但在第三阶段即将结束时，人们将有可能更好地理解它，很可能将其应用于高向性疗法。

较新的临床方法可以利用更精确的向性图谱和细胞类型特异性转录因子，这样基因构建体就可以被整合到所有细胞中了，但只能在所需的细胞类型中表达。这些构建体的实际向性将通过对病毒和癌症向性的持续研究变得清晰，我们还可以对人体所有细胞类型进行更多的单细胞表达分析，以确定可进行特定工程的细胞类型特异性膜蛋白，人类细胞图谱将在这个过程中发挥重要作用（见图5.2）。

因此，未来宇航员的眼睛、黑色素细胞和理论上任何特定细胞类型都可以被修改和重新设计，从而更好地保护宇航员。例如，我们可以进一步增加黑色素细胞中一种被称为 MC1R 的基因的表达，以控制自由基免受辐射，而辐射会对细胞造成严重破坏。反过来，我们还可以改变 TP53 和 Dsup 的表达，确保细胞做出恰当的反应。这个只有三个基因的工程系统具有多层保护的能力。我们以足球为例：MC1R 充当防御人员，控制皮肤上的自由基；Dsup 充当守门员，保护 DNA 免受辐射；TP53 充当裁判，对细胞应如何反应做出最终决定，包括 DNA 修复、细胞凋亡。换句话说，MC1R 和 Dsup 都能起到防止双链断裂的作用，而 TP53 有助于根据进入网络的双链断裂的数量，来决定细胞是否应该死亡。

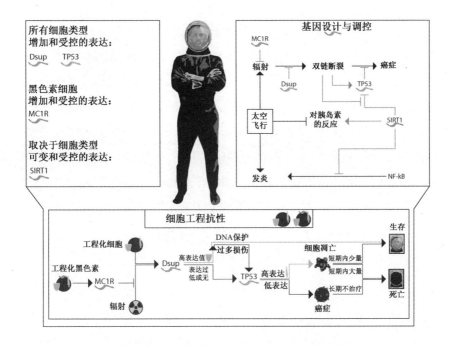

图 5.2 辐射防护的遗传框架：通过利用目前已知的抗辐射生物途径（黑色途径），以及已经改变的航天关联途径，我们可以建立新的工程生物网络，让人类免受辐射的影响，提高在恶劣环境中的生存能力

　　我们应该怎样针对特定的细胞类型（如黑色素细胞）开展研究呢？为了回答这个问题，Shaoqin Gong 和 Krishanu Saha 在 2019 年使用纳米胶囊，研发了一种新型 CRISPR 递送系统，这是个微小的合成胶囊，可以被设计成人体自身的胶囊。修改基因组好比邮政服务，会将包裹投递到特定的细胞或组织。特定的肽可以被添加到这些胶囊的表面，充当运输地址，将纳米胶囊引导至其感兴趣的细胞类型，并在它们找到配体时附着其上。尽管纳米胶囊很小（直径只有 25 纳米），它们仍然有足够的空间容纳微小的分子包。Shaoqin Gong 和 Krishanu Saha 的研究表明，我们可以将 CRISPR-Cas9 酶包和 gRNA 放入胶囊中。

他们进一步测试了几种交联分子，发现它们能够在血液中将聚合物聚拢在一起，但会在细胞内迅速分解，以释放基因编辑的"货物"。在体外，人类细胞愉快地吞噬了基因编辑纳米胶囊，从而在大约 80%的细胞中进行高效编辑，而且几乎没有毒性迹象。通过将这些纳米胶囊注射到小鼠模型，它们能够进一步显示适当的向性，并对视网膜细胞和骨骼肌进行靶向和编辑。此外，基因编辑纳米胶囊在冷冻、干燥和重组后也保留了自身的效力，这种可扩展性和适应性特性对于患者来说非常重要。种种研究结果表明，针对特定细胞的高度特异性，为患者量身定制体内基因工程是可行的。

通过表观遗传学抵御辐射

然而，即便我们通过整合特定基因网络来设计自认为完美的辐射感应和抗辐射人体细胞，我们还会面临其他挑战。首先，工程基因可以被上述无数表观遗传机制"关闭"，如染色质/组蛋白修饰，并通过 DNA 碱基修饰（甲基胞嘧啶）进行调整。其次，它们可能会"漂移"，随着时间的推移，它们会逐渐衰弱并停止工作。不过，人们可以通过继续编辑或调节基因来解决这两个问题。

乔纳森·韦斯曼（Jonathan Weissman）和费奥多尔·乌尔诺夫（Fyodor Urnov）等科学家已经将这种设想付诸实践。2018 年，DARPA 为一个名为保护性等位基因和响应元素的抢先表达（PREPARE）项目征求意见。我们可以通过使用表观遗传编辑方法，抢在辐射发生之前激活基因，避免急性辐射综合征（ARS）。这样做的好处是，可以帮助执行长期任务的宇航员、被部署到辐射较严重地区的士兵，以及接受放射治疗的癌症患者。2019 年，加利福尼亚大学旧金山分校、加利福尼亚大学伯克利分校、创新基因组学研究所从 DARPA 获得了 1000 万美元的资助，用于开展该项目。

为了实现这一目标，韦斯曼和乌尔诺夫尝试了对肠道类器官进行研究。它们本质上是细胞球，与培养皿中的单个单层细胞相比，它们能更好地模拟组织的自然 3D 结构。然后，他们筛选了在被 CRISPR-Cas9 打开、关闭时可以防止辐射的基因。这种选择性打开和关闭基因的迭代过程，能够让科学家以快速和直接的方式筛选感兴趣的功能元件，然后让它们进一步增强，以实现定向进化等调控目标。

随着人类开始在火星上长期定居，一个独特的机会出现了，我们便可以从全新的角度理解进化的过程。当前，我们关于等位基因的进化选择、漂移和扫描的所有知识都基于对一个星球进行的观察。当人类开始在火星上生活时，我们可能会开始观察人体器官、细胞的变化，这些变化将展示身体是如何适应新的重力、辐射和物理压力的。作为回应，人体或其中的某些部位可能会出现新的特征，我们可以通过观察、建模，更好地利用这些特征，供后代使用。

人类的第一个备份

如果找到了供人类和超物种独立生存的第二个星球，则我们存活的概率会大大提高。然而，这只会延长我们在这个太阳系中的生存时间。一旦超越太阳系，我们长期生存的机会将会增加。我们即将面临全球性的风险，这种风险（如小行星）不仅威胁到人类，还威胁到地球上的所有生命。我们必须在 50 亿年内离开这个太阳系，否则所有生命都将被太阳吞噬。人类没有理由不去为于长期生存的事业献身。要想让这个太阳系中的全部生命存活下去，人类必须致力于这项任务，完成对基因的确定、测试、整合、保护等研究。但在那之前，我们必须找到能够保护宇航员并确保他们可以在新环境中生存下去的方法。

在 NASA 指定任务的所有风险中，人们以绿色（已解决）、黄色（低风险）、橙色（高风险）和红色（尚未解决）来区分风险，辐射是未来宇航员面临的最大风险（见附图 3）。火星的条件十分理想，因为它距离地球很近，昼夜循环也与地球相似，还拥有水资源。显然，我们必须开始改造生物，以在火星上生存。人们选择的第一个地点可能会在 2100 年出现，并将作为定向进化的新基质。一旦这个时代结束，在"生物学世纪"的后半段及以后，任何生物体的所有基因、细胞甚至潜在器官都可以成为人类细胞的组成部分。2100 年年初，我们将利用地球上所有的进化经验，在地球之外生存下去。

THE NEXT 500 YEARS

Engineering Life To

Reach New Worlds

第四阶段：为太空孕育新人类
（2101—2150 年）

"模型的作用不是为了拟合数据，而是为了突出问题。"

——萨缪尔·卡林

在第四阶段，我们开始挑战人类基因组的极限，以增强新环境下的安全性，并创造一种新的自由：细胞自由。在这样一个时代，基因组不再是宿命。一个人出生时的 DNA 或细胞将不会再限制他们的能力、他们想成为的样子、他们想生活的环境。第一步是确定需要被保护的人类基因组，即无论如何都需要保留的功能与区域。这将进一步确保我们改造和增强的细胞功能有效且安全，特别是在我们将人类送到离地球更远的地方之前。这包括可能增加新的细胞器（如被修改的线粒体和叶绿体，以获取能量），空间站上新的工程改造后的微生物组，以及嵌合细胞类型。在这些创新的影响下，国际间及私营企业间的竞争可能将加剧。

2150 年，月球上应该会建成一个永久的人类基地。到了火星，我们还会建立一个永久的空间站。在这个时代，人类的细胞经过修改、在物种之间混合将变得更加复杂，细胞和整个生物体将成为混合体。在某些方面，这个进展并不令人惊讶，因为我们已经在 21 世纪初将这些技术用于医疗了。

细胞混合疗法

在中国杭州一座不起眼的大型混凝土建筑中，吴式琇等人正在进行再生医学和免疫肿瘤学（IO）方面的前沿科学研究（*译者注：吴式琇教授，长期从事恶性肿瘤发病机理和治疗研究，杭州市肿瘤医院副院长）。新的 IO 方法正被用来改造奇特的嵌合细胞，这些细胞会被注入病人体内。这些经过改造的细胞，携带一种叫作嵌合抗原受体（CAR）的物质，这是经过改造的受体蛋白，附着于细胞（通常是 T 细胞）表面以实现新的功能。如果说 T 细胞是一种只能在白天运作的"武器"，那么 CAR 就可以让 T 细胞在黑暗中能够找到从前无法看到的目标，并进行破坏。

在更广泛地转向精准医疗和更快部署卫生保健新方法的过程中，IO 领域 CAR-T 等"活体治疗"的使用，已经迅速改变了护理病人的方式。例如，美国在 2016 年启动了精准医疗计划，其目标是确保对尽可能多的病人进行特定的治疗。2017 年，中国国务院发布了促进医疗卫生大数据发展的新指南，专门建立一个统一的、互联互通的公共卫生信息平台，其中就包括 CAR-T 疗法。

T 细胞并不是免疫系统中唯一的细胞，也不是唯一可被编辑的细胞。免疫系统由不同类型的细胞组成，它们被分为不同种类。首先是骨髓细胞，它可以成为红细胞、粒细胞、单核细胞、血小板和吞噬细胞，包括树突状细胞、巨噬细胞和中性粒细胞。其次是淋巴细胞，它可以成为 B 淋巴细胞（B 细胞）、T 淋巴细胞（T 细胞）和自然杀伤细胞（NK 细胞）。骨髓与 NK 细胞共同构成了"先天"

免疫系统，而 B 细胞和 T 细胞则构成了人类免疫系统的"适应"部分。

B 细胞像威士忌一样在体内淋巴结的生殖中心成熟，在那里它们沐浴在身体的天然橡木桶里，产生特定的抗体来对抗当前（或未来）的感染。1984 年，麦德华博士（*译者注：2000 年加拿大 Order of Canada 勋章获得者，国际著名免疫学家、生物化学专家及癌症基因专家。1984 年，麦德华发表了关于人体免疫系统中的 T 细胞受体的文章，截至 2005 年年底，该文章已经被引用了 1200 次以上，他的研究大大加快了人类在基因科学和治疗癌症方面的进展）首次发现 T 细胞，曾被称为"免疫学的圣杯"，它的定义是其表面存在一个 T 细胞受体（TCR）。这种细胞首先产生于骨髓，一旦转移到胸腺，就会变为几种不同类型的 T 细胞。在那里，T 细胞经过训练，可以使用其 TCR 来检测特定的分子，这些分子通常由其他细胞表面的主要组织相容性复合体（MHC）呈现出来。适应性 T 细胞和 B 细胞与先天性 NK 细胞相互接触，以此识别和消除潜在的威胁，并为身体提供一个强大的"防御兵团"。

对于人类工程的 CAR-T 细胞来说，CAR 与预期在目标细胞类型表面的抗原相匹配，如 CD19（CD 代表分化簇，可以定义细胞类型）。因此，CAR-T 疗法利用身体免疫系统和人类定向基因工程的综合作用来对抗疾病，主要是癌症。天然存在的 T 细胞只针对由 MHC 呈现的肽，因此仅限于具有 MHC 肽呈现功能的细胞，而 CAR-T 几乎可以同时针对 MHC 和细胞表面的所有东西。

然而，培养这些细胞并不容易，对实验室的环境要求非常严格。湿度、温度、生长因子和细微的分子差异，要么导致细胞的灾难性死亡，要么生成纯净的、活跃的工程细胞。这些细胞需要从病人（自体）或供体（异体）中提取，进行质量控制以确保没有被污染，然后进行工程化、扩增和筛选。最终，细胞需要经过额外的质量控制才会被输进病人体内。

第一批用于临床的 CAR-T，只包含一个名为 CD3 ζ 的细胞内信号分子。修改细胞的主要方法有两种，改变位于 T 细胞膜内的蛋白质（细胞内）或改变细胞膜外（细胞外）的蛋白质。第一代 CD19-CAR-T 和 CD20-CAR-T 细胞在 2010 年被用于治疗复发性淋巴瘤，但这些疗法难以持久，CAR-T 在血液循环中超过七天就无法被检测到了。这些疗法未表现出明显的毒性，主要是因为其缺乏持久性和整体的抗肿瘤效果不佳。第二代 CAR 由"辅助刺激分子"（如 CD28 或 CD137）构建，它们与正常的 TCR 更加相似。这些第二代 CARs 先在 B 细胞淋巴瘤中进行了测试，结果显示，它们更加持久，抗肿瘤效果更好，还可以产生 IL-2。接下来，第三代 CAR-T 出现了，它通过两个共刺激分子进一步提高了这些细胞的整体控制能力。

2016 年，第四代 CAR 被建立起来，以调节细胞因子和抗体的产生，组建更多患者体内的内源性免疫系统。2020 年，我的实验室在威尔康奈尔大学进行了研究。结果表明，CAR-T 细胞的反应、持久性、甚至代谢都取决于其刺激域和设计。此外，用于生成工程 T 细胞的 T 细胞亚型的比例可能对治疗潜力和细胞因子的产生起作用，T 细胞的持久性之所以加强，与较高的 CD8/CD4 比例有关。这些疗法很有效，但是，在几代人中出现了并发症，包括死亡、神经系统问题、多器官毒性、"细胞因子风暴"和细胞因子释放综合征（CRS）。

这些困难并没有使人们对这些疗法的热情减少。截至 2020 年年底，全世界有超过 500 项临床试验了使用 CAR。2016 年至 2018 年启动的 CAR 临床试验比以往所有年份的总和还要多，其中大部分在中国开展，在范围、目标和技术方面不断创新。值得注意的是，在美国临床试验数据库公布的所有 CAR 临床试验中，美国和中国的试验数量总和占比超过 80%。患者可以通过提取和分析该网站的数据，找到与自己有关的试验。

开展试验只是一个开始。即便采用与人类白细胞抗原（HLA）相匹配的捐赠者的细胞来设计患者的疗法，整个过程仍然极其耗时。目前，研究人员正在对 CAR 细胞进行各种调整，生成"通用"CAR 细胞，它是由健康捐赠者提供的细胞构建的。如果可以培养出现成的 CAR 细胞，类似于目前的抗体疗法，其就可以迅速且广泛地应用于许多疾病的治疗，一家名为 Cellectis 的公司已经表明了确实有这种可能性。建造一个稳定的来自非匹配捐赠者的现成细胞疗法库的想法十分大胆，但由于捐赠者和患者的 HLA 不同，可能会引发炎症、CRS、排斥反应和移植物抗宿主疾病（GVHD）等多种并发症。为了解决这些问题，Cellectis 设计了经过编辑的 CD52 和经过 TCR 编辑的 T 细胞，减少了患 GVHD 的风险，同时允许选择需要编辑的细胞。这些细胞被进一步改造，使用 HLA 匹配的供体细胞靶向 CD19，并于 2020 年被用于治疗两名复发难治性 B-ALL 患者，他们的病情得到缓解，而他们此前接受的其他疗法都失败了。

还有很多其他可以应用的细胞工程方法，例如，使用纳米技术在体内创建 CAR-T 细胞，创建具有"开"和"关"开关的"逻辑"CAR-T 细胞，设计各种开关，以防止产生副作用，并使更多类型的细胞拥有特定靶向性。很多试验使用了 CRISPR-Cas9 和这些基因编辑方法，以更精确地设计 T 细胞，将其应用于更多类型的癌症的治疗中，并允许它们在微环境中运作。2015 年，只有少数几种癌症采用了 CAR-T 疗法的测试。截至 2020 年年底，有几十种癌症正在应用 CAR-T 疗法进行临床试验。

除了 CAR，还有两种采用细胞转移（ACT）的疗法，第一种疗法是利用患者的免疫细胞来治疗他们自己的疾病，包括肿瘤浸润淋巴细胞（TIL）和带有新 TCR 的工程细胞。TIL 是活跃的淋巴细胞，它们渗透到肿瘤或其附近的环境中，而且它们可以被设计得更加活跃，并在黑色素瘤和宫颈癌的治疗中拥有不错的前景。第二种 ACT 疗法是用其他细胞的 TCR 来设计 T 细胞。一个病人体内的具有强大抗肿瘤作用的 TCR，可以序列整合到其他 HLA 类型病人的细胞中。然而，鉴于大多数 TCR 与 MHC 呈递有关，因此这个通用性不如 CAR。目前，基于 TCR 的疗法已经取得了一些成效，其毒性低于 CAR-19 细胞，总体上更加安全。然而，截至 2020 年年底，临床试验中进展最快的 ACT 疗法是 CAR。

2021 年，数以万计的人体内都有着工程化的混合细胞。这些疗法使我们治疗疾病的方式和对生命可塑性的理解发生了根本性转变。生物学不是被动的和不可渗透的，相反，它拥有被设计的潜力。基于生物学，我们能够在短短几分钟内有意识地创造新的生命，如果仅靠进化是永远不可能实现的。这种能力远远超出了免疫细胞的能力——它可针对现存或将被创造的任何物种的任何细胞。根据地球上现存的一些混合细胞，我们能够得知应该在新的星球上建造哪些东西。

绿叶海天牛——跨物种基因混合

波士顿和纽约周围的水域漂浮着一种奇怪的、绿色的小杂交海蛞蝓：绿叶海天牛。这种独特的物种能从它吃下的藻类中获取功能齐全、可进行光合作用的叶绿体，从而变得像植物一样——这个过程被称为"盗食质体"，字面意思是"窃取"质粒（叶绿体）或细胞器。虽然在细菌中吸收 DNA 和移动可迁移基因质粒很常见，但在较大的生物体中，移动整个系统是很罕见的。

绿叶海天牛也被称为"太阳能海蛞蝓"，它利用绿色叶绿体作为伪装来对付捕食者。藻类通常有一个坚硬、厚实的细胞壁，可以防止破损或物种的入侵。绿叶海天牛是如何使叶绿体进入自己身体的呢？

当然是用吸管！绿叶海天牛体内有分子吸管，因此它们能够穿透藻类的细胞壁，吸出叶绿体的精华，身体也会变成鲜绿色。如果没有吃到足够的"蔬菜"（叶绿体），它们的身体就会变成带有红色色素斑的棕色。

令人惊讶的是，叶绿体可以在绿叶海天牛的大型分支消化系统内存活几个月，甚至几年，这很像人类免疫系统中的吞噬细胞。绿叶海天牛的吞噬细胞可以轻易地吞噬海藻，然后将叶绿体融入自己的生物系统。即使叶绿体进入它们的身体，也仍然可以发挥作用，捕捉阳光，创造糖分，并呼出氧气。最初人们认为这种阴森森的生物需要叶绿体才能生存，但事实证明它们在没有光线的环境下也可以存活。一位名叫斯文·古尔德（Sven Gould）的研究人员表明，即使没有光，绿叶海天牛的生存也不会受到太大影响，体重也不会有太大变化。在某种程度上，获取叶绿体是绿叶海天牛的一种娱乐功能。

但叶绿体是如何在绿叶海天牛体内生存和运作的？在正常植物中，叶绿体 90%的必需蛋白都是从植物宿主的细胞核中获得的。在寻找支撑叶绿体生存和进行光合作用的基因时，詹姆斯·曼哈特（James Manharte）和其他研究人员注意到，绿叶海天牛的 DNA 中含有关键的藻类基因 psbO。psbO 是一种重要的基因，它为一种稳定锰的蛋白质编码，是叶绿体光系统 II 复合体的一部分。

最重要的是，绿叶海天牛的这个基因和藻类的这个基因的 DNA 序列几乎是相同的。似乎绿叶海天牛在很久以前就从藻类那里借来了这个基因，再未归还。这为横向基因转移（HGT）提供了可能性，即一个生物体的基因从一个物种"横向"转移到另一个物种，这让人十分兴奋。这与"垂直"基因转移形成对比，即 DNA 在一代和下一代之间的移动。

但是这些研究人员是如何确定这是 HGT 的呢？初步证据显示，该基因含有绿色海天牛的卵子和性细胞。然而，研究人员随后检查了其 RNA，发现这些基因并不活跃。2017 年的进一步分析表明，在卵子（生殖细胞）DNA 中几乎没有这些基因。因此，绿色海天牛捕获的叶绿体存活这么久的原因仍未找到，但这显然是可能发生的，而且很可能借助于 HGT。

还有一个关于 HGT 的例子，主要源于缓步动物，即水熊，它可以在太空的真空中生存。缓步动物有几十个基因，可能都来自 HGT，这些基因有可能对该生物体的生物学有所贡献。这种物种间的"流动基因"过程是进化的一个关键驱动力，因为数百万年的选择压力可以突然被置于一个全新的环境中，以获得新的、基因丰富的功能。

人类光合作用——足有两个网球场大的绿巨人

人类能否模仿绿色海天牛，仅靠光合作用生存，而不靠嘴吃饭？为了让叶绿体在人类身上发挥作用，我们必须做出一些假设。第一个假设是，人类的皮肤细胞能够容纳叶绿体。这需要我们的免疫系统不排斥它们，而且黑色素（赋予皮肤颜色的色素）也不会干扰叶绿体的功能。除此之外，叶绿体还需要存活下来并产生效果，而绿色海天牛的生物系统表明这种假设是可能实现的。

第二个假设是关于叶绿体在其新的人类宿主中的光子捕获效率。任何化学反应都不是百分之百有效的，那么，新的"绿巨人"能够捕获多少百分比的太阳能量呢？据估算，植物捕捉光子的效率只有 5%左右。因此，我们将假设新的"绿皮"细胞可达到这一标准。

下一个问题是，我们可以从"绿皮"中获得多少能量呢？平均而言，每个人有大约 1.7 平方米的皮肤，但即使完全裸露，也可能只有一半的皮肤能暴露在阳光下（如当你趴着的时候）。在一个阳光明媚的日子里，阳光的能量约为每平方米 300 瓦，这足以为一个正常的灯泡供电约 3 小时。保守起见，我们假设叶绿体内部的光合作用生物化学的效率只有 75%。考虑到这一因素，叶绿体每小时只能收集约 34 千焦耳的能量，然而，一个平均体型的成年人每天需要大约 1000 万焦耳的能量才能生存。

因此，如果人体要想在正常能量水平下工作，需要收集 290 小时的正午阳光才能有足够的能量度过一天。然而，更多的能量，就意味着更多的皮肤。如果将人类的表皮扩大 300 倍（$1.7m^2 \times 300$），大约是两个网球场的大小，这样，一个趴着的"绿巨人"将只需要在阳光下待一个小时左右就能获得足够的能量了。因此，一个"绿巨人"可以在午休时，在某个空地上展开他们的新皮肤，吃一顿饭的同时打个盹，然后合上他们的皮肤，吃饱喝足后回到屋里，心满意足。

生物间移动基因和半基因

鉴于动物王国中存在"叶绿体偷窃狂"，因此，其他小的、可移动的分子在物种之间的移动也就不足为奇。2010 年，阿兰·罗宾逊（Alain Robichon）在蚜虫体内发现了高量的类胡萝卜素，这些小昆虫生存于世界各地的树叶中。动物需要类胡萝卜素来实现各种细胞功能，包括视觉、着色和处理维生素，这本身并不稀奇。不过，南希·莫兰（Nuncy Moran）和泰勒·贾维克（Tyler Jarvik）的研究显示，蚜虫的食物并不包括类胡萝卜素。一直以来，人们普遍认为，只有植物、藻类、细菌和真菌才能制造让南瓜和西红柿呈现典型的橙色和红色的色素，然而现在有一种昆虫却可以自己制造这种色素。

罗宾逊和他的团队展开研究，他们想搞清楚这些小昆虫利用如此高量的、合成的或偷来的类胡萝卜素做些什么。他们注意到，具有高量类胡萝卜素的细胞，其三磷酸腺苷（ATP）含量也较高，ATP 实际上就是细胞的汽油。他们还发现，ATP 的含量会随着昆虫暴露在光线下的时间而改变。将昆虫置于阳光下，ATP 会上升；将昆虫置于黑暗中，ATP 会下降。为了进一步测试昆虫对光的反应，研究小组将其分成两组：类胡萝卜素含量高的组和类胡萝卜素含量低的组。正如预期的那样，具有较高含量类胡萝卜素的组吸收的光更多。该小组进一步的研究表明，蚜虫中的类胡萝卜素接近表层（0～40 纳米），正好符合类胡萝卜素是用来吸收阳光的预期。

2012 年，莫兰和贾维克完成了一项系统发育分析，他们发现蚜虫中的基因与真菌中类胡萝卜素通道中的基因几乎相同。他们观察了分布于世界各地的 34 种蚜虫，注意到所有的蚜虫都至少有一个这种基因的拷贝（番茄红素环化酶/菲尼克斯合成酶），有些蚜虫所含的基因种类甚至有 7 种。相比之下，所有的真菌基因组只有一个拷贝。和蚜虫最接近的活体亲属被称为 Adelgids，它的存在证实了这一点。因此，只要有足够的时间，来自一个完整的生命王国的基因就有机会进入另一个生命王国，并进一步提供全新的功能。

更重要的是，这些并不是基因从一个生物体移动到另一个生物体的唯一例子。在细菌到真菌（酿酒酵母），细菌到植物（农杆菌），细菌到昆虫（沃尔巴克氏体，存在于甲虫和臭虫中），细胞器到细胞器（在莱佛士科的寄生虫中），植物到植物（角果树对蕨类植物），真菌到昆虫（豌豆蚜），人类到寄生虫（间日疟原虫），病毒到植物（烟草马赛克病毒），植物到动物（绿叶海天牛）等过程中，都已经显示出 HGT（横向基因转移）的迹象。有史以来，人们观察到的最臭名昭著的 HGT 是海洋中细菌到动物的移动。据估计，小螨虫 8% 的基因来自细菌。

基因移动在集体移动时更加引人注目。关于线粒体和叶绿体的内共生理论认为，某些时候这些"微型细菌"会被摄入或与真核细胞合并。它们没有死亡或分裂，而是"结婚"了——从那时起，它们就一直在一起，结成"细胞婚姻"。这不仅仅是一个基因被移动，而是整个网络、细胞膜和新的能力的移动。例如，人类赖以生存的人体细胞中的 ATP，不是由细胞中的人类基因制造的，而在线粒体中产生的。

值得注意的是，基因能够从线粒体转移到人类基因组，反之亦然，这是一个一直在进行的过程。核线粒体 DNA 片段（NUMTs）在这一过程中产生，它位于线粒体，基因就像游牧民族一样从线粒体迁移到人类细胞核。无论人们细胞中的 DNA 来自哪里，都能发挥作用，基因网络在选择它们在细胞中的位置时，并不考虑它们的过去。但是，它们的位置是根据需要来决定的。这个适用于地球生命的原则，也适用于地球之外。

物种间交换 DNA 的行为十分普遍。因此，人们开始考虑在人类细胞中这么做。不过，这一过程不应该是贸然的，而应该是自然的。因为我们人类自身的进化史只有几百万年，从几十亿年的生物进化史中吸取经验，会对我们在遥远的将来生存下去更有帮助。

细胞七十二变

虽然将基因从一个物种转移到另一个物种的做法令人兴奋，但更令人惊讶的也许是将一个细胞变成任意一个其他细胞。因为一个生物体中每一个细胞的基因蓝本都相同，如果有合适的遗传工具和表观遗传工具，我们就有可能将一个细胞转化为另一个细胞。可能是从血细胞变为皮肤细胞，甚至是变为全能细胞状态的任何东西，最终细胞会长大，成为一个真正的人类。

人们围绕干细胞、诱导多能干细胞（iPSCs）和细胞重编程进行了大量研究。iPSCs 来自成熟的体细胞，很像皮肤或血液的细胞。这些细胞被浸在一种特殊的、有多种转录因子和营养物质的培养液中，然后就可以诱导出 iPSCs。iPSCs 与胚胎干细胞（ESCs）非常相似，这激发了临床医生和研究人员的热情。加利福尼亚立法机构对 ESCs 的前景感到非常兴奋，其在 2005 年启动了干细胞研究资助计划，以抵制美国联邦禁令（第 71 号提案）。

然而，仅凭"甜言蜜语"就让一个细胞听命于你并不现实，我们需要利用特定的"分子骗术"。2006 年，山中伸弥和约翰·格登（John Gurdon）利用小鼠成纤维细胞和四个特定的转录因子首次展示了这种将已分化的细胞(终端状态)转变为多能状态的研究。Sox2、Oct4、KLF4 和 c-Myc——现在通常被称为"山中因子"。随后，来自皮肤成纤维的人类 iPSCs 在 2007 年出现。这是一个巨大发现，它帮助我们了解了细胞分化的基本原理，还避免了牺牲胚胎，对公共政策产生广泛的影响。ESCs 和 iPSCs 都表现出多能性，不仅能快速进行自我更新，还拥有类似的基因表达模式。

在美国禁止联邦资助 ESCs 研究的六年内，研究 iPSCs 似乎是绕过这个禁令的新方法。然而，iPSCs 与 ESCs 并不完全相同，有关它们的研究仍处于早期阶段。iPSCs 最大的隐患之一是会诱发肿瘤。如果 iPSCs 或 ESCs 被直接注射到病人体内，就会有形成畸胎瘤的风险。畸胎瘤是由三个发育层（外胚层、内胚层和中胚层）组成的"小精灵"，有些畸胎瘤形态极为奇怪，比如长出头发和牙齿。对于 iPSCs 来说，人们对其可转为强行高表达一些致癌基因和人工迭代造成的肿瘤越来越担忧。此外，这些细胞来自成人的组织，有可能已经发生了突变（如在克隆造血中），可能会致癌。此外，实验显示，这些细胞的表观遗传和转录景观都有明显的差异。即使有了基于 ESCs 的许多协议和多年的实验测试，iPSCs 在研究、治疗中仍然无法完全取代 ESCs。

尽管如此，iPSCs 也拥有很多 ESCs 不具备的优势。ESCs 是由终止的胚胎形成的，而 iPSCs 来自个人的体细胞，本质上，iPSCs 可以作为一个人自己的、易于创造出来的"代孕"双胞胎。为了创造复制品，我们可以从病人身上提取血液，将其变成 iPSCs，然后分化成一系列不同的细胞类型，作为病人实际组织的模型。例如，针对家族性肌萎缩侧索硬化症（ALS）患者（5%～10%的病例），可以将他们的成纤维细胞转化为运动神经元，即疾病细胞类型，然后用于药物筛选，以寻找特定病人适用的疗法。这种方法还可用于阐明疾病的作用机制和新型疗法，任何影响单一细胞类型或组织的遗传性疾病都可以通过这一方法来解决。

人类的 ESCs 和 iPSCs 是多能的，但不是全能的。根据最严格的定义，全能细胞能够被放入透明带（卵母细胞最初的保护性并提供营养丰富的屏蔽层），然后可以被置入准妈妈体内（或外子宫），并得到完全发育。多能细胞是能产生构成成年生物体所有组织的细胞。但是，它们无法为胎儿提供所需的早期发育层，如滋养层（即胎盘）。

我们还未建成这些生殖系的原因有很多，比如，我们无法确定何时从胚胎中提取 ESC，如何提取细胞，如何确定培养条件，甚至还有关于人格与伦理方面的原因。在胚胎发育的大约前两周，胚胎中的任何细胞都可以被"弹出"，以形成一个完美的克隆体。完整细胞或部分细胞都可以被分离出来，形成一个双胞胎，这通常是同卵双胞胎或三胞胎的形成方式（如马克和斯科特）。在第 14 天左右，"原始条纹"产生了，为胚胎创造了左/右、上/下和前/后轴。这个条纹一旦出现，就作为胚胎中间的一条分化线而存在，它就是一个单一的胚胎。它不会再有无限可能，它已经确定会成为一个人。这就是为什么大多数 ESCs 的生长时间不会超过 14 天。

研究 ESCs 是一件极具科学挑战性的工作，因为它们在独处时往往会自发分化，在培养条件下，又喜怒无常，很不稳定。目前，人们正在研究形成全能细胞的新方法，包括通过沉寂分化信号和改变培养条件的后续工程。事实上，要想让有核细胞变成任何其他细胞，只需要解决按哪个按钮的问题。如果完整的表观遗传密码是已知的，如果我们可以修改任何 DNA 位点、RNA 分子和组蛋白状态，理论上，我们就可以在任何时候将任何细胞转变为其他细胞。唯一的挑战是如何将这种细胞状态维持下去。这个领域仍有广阔的探索空间，随着时间的推移，这些问题最终会得到解答。

摆脱生育之痛——完全的父母自由

完全的细胞可变性的设想早就有先例了。这古老的构想，是一种无性繁殖的方式，被称为孤雌生殖。利用这种方式，我们可以在不受精的情况下创造胚胎。但是，至少在 21 世纪，没有任何哺乳动物具有这种能力。不过，只要我们建立一个模板，这种方式就有可能实现。原则上来说，我们不仅能设计出一人或两人的婴儿，还可能出现三人或更多人的共同婴儿，甚至使两个雌性或两个雄性拥有携带自己基因的孩子。

2004 年，在河野智博的一项实验中，两只雌性小鼠成为有史以来第一对只用其母体遗传和细胞物质孕育后代的哺乳动物。从过去的经验上看，这似乎是不可能的，因为在创造卵子和精子的过程中，会产生父母特定的表观遗传学修改（称为印记）。印记过程确保了基因的性别特异性表达，即"表观遗传印记"，其依据是该基因是来自父亲的还是来自母亲的。根据奥德·雷查维（Oded Rechavi）等人的研究，这种印记已被证明在一代人之后仍然存在。然而，直到 2004 年河野智博发表了一篇论文，人们才知道基因组印记对孤雌生殖发育会产生怎样的影响。

河野智博和他的团队创造了一个具有单倍体（只包含一套染色体，而不是通常的两条）的两套雌鼠基因组的卵细胞，然后通过孤雌生殖创造了它们的后代。当然，这个实验还需要进行一些调整。研究小组修改了两个关键调节基因（Igf2 和 H19），并用一个大约 13kb 的在 H19 中的缺失来改变其他印记基因的表达。后来，两只雌鼠的后代拥有了自己的宝宝。这项开创性的研究证明了雌性不需要雄性就能拥有后代（至少在小鼠中是这样的）。

但是雄性能自己创造后代吗？事实上，这同样是可以的。2018

年，李伟、周琦和胡宝阳表示，雄性也可以产生双雄性遗传后代——尽管这些"双雄性小鼠"仍然需要雌性来进行生育（外植体的另一个用例）。李伟和他的团队通过使用单倍体胚胎干细胞（haESCs）创造了他们所需的细胞，这些细胞由纯化的卵子或精子制成——在这种情况下，显然用的是精子。该团队使用 CRISPR-Cas9 删除了带有参与印记的基因组区域，他们重现了 2004 年的实验，观察到雌性小鼠只需要进行三次删除，雄性小鼠则更复杂，需要进行七次删除。此外，雄性仍然需要一个卵子来启动胚胎发育，因此，他们使用了一个捐赠鼠的卵子（由于是线粒体 DNA，技术上而言这是一个三亲小鼠）。然后，他们将 haESCs 有区别地注射到精子和剥去细胞核的未成熟卵子中。经过精心策划和实施，这些后代再次成活。

这意味着，有一天，两个来自任何性别（男性或女性）的人类父母可以按照他们认为合适的方式生孩子。我们可以假设，通过某种工程，能够将女性 iPSCs 诱导成精子或将男性 iPSCs 诱导成卵子，两者都可以在子宫外充分发育，不再需要捐赠者供卵或改变基因。

从伦理上讲，这代表了近乎完全的父母自由和细胞自由。如果性开始与生殖脱钩，那么人类就会拥有更多的自主权，去道德伦理化的生育就会得到支持。有了人工子宫和外植体，形成孩子的过程就能以单独或组合的方式进行。根据我们在 2021 年完成的研究，到 2150 年，将会有更强的可行性，人们可以生孩子但不需要经历实际的分娩过程，同性夫妇的孩子，异性夫妇的孩子，三亲婴儿皆有可能成为现实，人们甚至可以从三个以上的人的基因组合成片段中"创造自己的孩子"。这开启了一个由生物工程创造的细胞、生殖和父母自由的新时代。

为太空设计人类

因此，到了 2150 年，细胞和基因工程的改进将减少生殖细胞和体细胞之间的区别。到那时，成人组织可以像受精卵编辑一样轻易地进行体细胞的工程改造。美国有很大一部分人的受精卵可能会被编辑，还有一部分人将成为被编辑者的后代。那时，在孩子降生前，我们就可以直接为其去除遗传疾病的影响，因此需要体细胞工程干预的疾病将大大减少。基因工程的其余医疗用途将主要是减少环境造成的负面影响（包括癌症和感染），以及解决与年龄有关的基因或表观遗传等问题。在这一时期，体细胞工程的总体使用量不一定会减少，人们会拥有更多的选择，如变性、变美，甚至是临时的表观遗传。因此，宇航员的抗辐射编辑可以在成人或受精卵阶段就开始。

届时，大多数生物研究将集中在通过结合多个不同物种的元素或新合成的嵌合体来改善基因组上，而不是像 20 世纪那样去修复它们。暂时和永久之间的区别将逐渐消失，因为任何基因修改都可以通过额外的体细胞工程而抵消。唯一的问题是，如果没有额外的干预（基因）或不干预（表观遗传），具体的修改是否会持续下去。

细胞和基因工程将变得非常普遍，基因设计项目有可能成为高中生的家庭作业，他们可以一边看着窗外天空中皎洁的月亮，一边遥望月球基地的城市灯光。地球上的生命工程是广泛存在的，不仅存在于人类之中，还存在于其他动物之中。遗传工程使地球上的人能够以自己想要的方式生活。我们的下一个挑战是，找到使人们能够在地球以外的地方生活的方法。届时，所有的设计基材（已灭绝的、现存的和新创造的）将得到部署，以帮助我们了解如何使人类和其他物种更好地适应太空飞行和太空生活。

THE NEXT 500 YEARS

Engineering Life To

Reach New Worlds

第五阶段：新家园合成生物学 （2151—2200 年）

"从本质上讲，所有模型都是错误的，但有些模型是有用的。"

——乔治·E.P.博克斯

到 2151 年，体内基因编辑可能会变得司空见惯且十分安全，在某些情况下，甚至具有娱乐性。几个空间站将在地球、月球（月球门户）和火星（大本营）的永久轨道上运行。人类的大多数严重的遗传性疾病将得到治愈或被编辑。基于 CAR-T 等技术的进一步发展，我们不仅能够改造新的细胞和免疫功能，还能够创造全新的细胞类型（从其他物种借来或进行混合）。我们将进一步持续监测这些活疗法、增强的细胞功能及体内的其他细胞类型，以便在问题出现之前发现苗头。我们将持续研究在第三阶段和第四阶段发生的从一种生物体到另一种生物体的遗传因素的修饰和整合（如缓步动物的 Dsup 进入人体细胞），找到优化自然产生的因素的方法，以适应新的角色，并创建我们自己的纯合成基因和网络。

在这个前景广阔的细胞工程基础上，特定工作的安全性和效率将大大提高。例如，宇航员可以在离开地球之前接受体细胞工程，通过提高抗辐射性、监测胰岛素反应预防癌症，还能通过节省资源（比如减少细胞功能所需的氧气量或代谢组摄入）的基因编辑来降低风险。宇航员将为特定的任务环境做好细胞准备，这在很大程度上取决于太空旅行的持续时间，以及他们是前往太阳系的恶劣环境（如柯伊伯带小行星、土卫六或土星的其他卫星），还是相对温和的环境（如火星）。即便我们只是前往地球以外的安全区域，也可能需要接受最低程度的基因工程才能搬迁。这将是定居其他行星前的准备，也是新的、完全合成的基因组的起源。但风险随之而来，现存的生命或先前时代的化石可能会遭到破坏。

这引发了双向的行星保护问题。要想进行行星保护，首先，要避免"前向污染"，即我们不能将某些东西意外或故意地带到另一个行星，这对于确保可能存在于宇宙其他地方的生命安全非常重要。其次，确保真正发现非地球生命，而不是错误地识别那些外表看起来像外星人，但实际上只是在地球产生的污染物。即使经过辐射和消毒，微生物也可能伴随我们去火星旅行，它们的基因组可能会发生很大变化。如果这些微生物未来在火星沙中被发现，就可能引发对生命普遍特征的错误研究。此外，我们还要避免"反向污染"，即我们带回地球的东西不能给本土陆地生物带来风险。许多科幻电影都有与此相关的内容，比如邪恶的"外星人"入侵者威胁居住在地球上的所有生命。

这些情况都不是我们所期望看到的。但前向污染实际上是不可避免的，因为太阳系内部的所有生命最终都会被太阳系吞没。根据生存道义伦理学，我们会对其他行星进行不可避免的前向污染，不仅是为了拯救地球的生命，还是为了拯救尽可能多的其他行星上的生命（或者至少知道它们曾经存在过）。为了在 2201 年之前抵达这些严酷的世界，我们需要知道 2021 年的航天器是如何制造出来的。

在加利福尼亚州帕萨迪纳市喷气推进实验室，我们可以看到各种致力于将火箭、探测器和机器人送入太阳系的建筑物。低调、朴素的标志表明了房间和建筑物的功能，如"航天器组装设施""外星物质模拟实验室""火星探测器试验区"。这里也是漫游器（如火星 2020

"毅力号"）、卫星和许多 NASA 航天器组件在最终发射之前进行设计、组装和测试的地方。人类的宇宙飞船（航海者 1 号）在 2012年已经到达了比我们自己的太阳系（由太阳的日球层顶定义）更远的地方，并在 2018 年再次到达那里（航海者 2 号）。最终，航海者号探测器发回太阳系附近的、我们前从未见的数据。这些航海者号探测器及其他探测器都面临这样一个问题：其他东西能够和它们一起飞向太空吗？

为了进行验证，喷气推进实验室的各个区域，尤其是在建造航天器的"洁净室"，研究人员持续监测孢子、细菌、病毒和其他生命形式，以避免前向污染。一位名叫卡斯图里·文卡特斯瓦兰（Kasthuri Venkateswaran）的微生物学家总在建筑工地踱步，他发表了大量关于微生物和太空飞行的文章，还有一位具有开创性的极端微生物科学家大卫·史密斯（David Smith），他们都在不断寻找让人类在太空之旅中生存下来的方法。然而，这绝非易事，他们面临着"低生物量采集"问题：细菌或病毒量极少——甚至可能没有——但只需要一个细胞即可扩增。那么，如何测试几乎不存在的东西呢？如何确定不存在任何多余的东西呢？如果我们忽略了某些东西，而它们又被带入了太空，又会发生什么？

宇航员的微生物

我们的研究团队和其他研究人员在对航天器、宇航员和空间站微生物组的初步研究中已经回答了其中一些问题。许多纵向研究，包括双胞胎研究和赫尔南·洛伦齐（Hernan Lorenzi）、杜安·皮尔森（Duane Pierson）、亚历山大·沃里希斯（Alexander Voorhies）、马克·奥特（Mark Ott）等的研究表明，微生物在太空中并非完全静止。具体来说，洛伦齐认为，随着时间的推移，不同宇航员皮肤上的细菌会变得更加相似。这个论点是有依据的，因为细菌无处可去，只能待在空间站中。微生物组的这种混合部分源于各种物种的丰度下降——飞行过程中阿克曼氏菌和瘤胃球菌减少了约五成，假丁酸弧菌和梭菌属减少了约三成。正如我们在双胞胎研究中展示的那样，在返回地球后，宇航员在太空中发生的变化大多恢复如初。此外，皮肤微生物组的这些变化可能导致宇航员在太空中频繁出现皮疹和皮肤超敏反应。还有一个更令人担忧的东西——太空僵尸。我们没有发现任何与人类复活相关的太空僵尸，只发现了复活的潜伏病毒意义上的太空僵尸。约翰逊航天中心的萨蒂什·梅塔（Satish Mehta）先前的研究表明，疱疹再激活的发生率在太空中似乎更高，病毒会脱落，最终可能会漂浮在国际空间站附近。截至 2019 年年底，89 名宇航员中有 47 名（约 53%）进行了为期数周的短途航天飞行，23 名宇航员中有 14 名（约 61%）进行了三到六个月的国际空间站任务，研究人员从这些宇航员的唾液、尿液样本中检测到疱疹病毒。细胞因子和免疫细胞标志物数值升高，进一步呈现出活跃感染的迹象。

如果你在国际空间站上弄掉了一些东西，它会漂浮多久？此外，国际空间站周围哪些东西正在脱落？为了回答这些问题，较早的研究使用了培养的方法来分析可以在国际空间站存活的物种。然而，这些方法通常会导致选择偏差，其中一些细菌根本不会在培养条件下生长，其他细菌则会十分喜欢这个新环境，最终存活。然而，2015 年以来，越来越多的微生物学研究采用了不依赖培养的方法，以彻底检测国际空间站中虫子的变化。如第 4 章所述，这些方法采用 NGS 来获取给定样本，提取所有 DNA，然后进行测序。这就像用猎枪瞄准样本细胞，将它们炸成数十亿个小 DNA 片段，然后对每个片段进行测序。在此之后，我们可以将每个片段（或序列"读取"）映射到序列数据库中已知的物种基因组。通过这种方式，我们可以对任何一个样本的生物体丰度和类型进行定量，还可以将短读取变成长读取，就像将拼图的碎片重新组合在一起一样。这是检查任何不能在正常细菌培养基上生长的生物的最佳方法，我们甚至可以由此找到各种未知的生物。

NGS 方法表明，太空细菌可以增加毒性，对抗生素产生更强的抗药性，改善生物膜的形成方式，甚至将其增厚。 2016 年，路易斯·泽亚（Luis Zea）、肖恩·利维（Shawn Levy）等的研究指出，抗生素耐药性（AMR）标记类型和基因表达途径的变化在太空飞行中十分"丰富"，并且包含多种途径，如蛋白质合成、核酸结合和代谢。正如我们对极端环境的预期那样，国际空间站对虫子施加了强大的选择压力。

未知的一半

文卡特斯瓦兰对国际空间站上的生物体的分析表明，其变异范围很大，包括看起来像是现有属的全新物种，以及完全不与任何已知基因组对齐的 DNA 片段。然而，这是种普遍现象。当我们的团队在 2015 年和 2021 年对霰弹枪测序数据进行分析时，我们发现约 50% 的测序 DNA 是全新的，它们以前从未出现过。当遗传学家克雷格·文特尔（Craig Venter）在马尾藻海中使用猎枪测序时，他发现了与之类似的结果。因此，影响我们在国际空间站上发现神秘 DNA 的最大干扰因素可能不是外星人，而是当前参考数据库的限制。截至 2020 年年底，地球上大约存在数万亿种物种，大约 10 万种具有可以比较的参考基因组，因此，我们可以识别我们捕获的任何东西，这是一个小奇迹。

随着我们对世界各地越来越多样化的地点进行测序，未知 DNA 片段的数量将会减少。2020 年，国际空间站的一个新物种以凯特·鲁宾斯（Kineococcus Rubinsiae）的名字命名。然而，我们永远不可能掌握所有未知的部分，总会存在我们从未见过的序列，因为生命总在进化。在一些可以在几分钟内复制的细菌和病毒中，这种现象更加普遍。因此，即使一个人拥有生活在地球上所有地方的所有生命的完整基因目录，几分钟后，这个目录也将不再完整。

当然，这并不意味着我们不应该寻找新的未知数。为了开展行星保护计划，我们需要分析在所有航天器中找到的所有 DNA 片段，这正是我们所做的工作。随着文卡特斯瓦兰博士、史密斯等的研究，霰弹枪测序和航天器监视目前是估计前向污染的标准指标。这些数据将与地球上存在的所有已测序 DNA 的总索引进行比较，以确定其中的内容，以及在下一次任务中可能意外进入太空的物质。

到目前为止，结果非常明确。毫无疑问，我们已经污染了火星，甚至还污染了其他行星。虽然这些任务的生物负载一直很低，但并不是零，20 世纪 70 年代的维京一号也是如此。对于火星来说，这是非常严重的问题，因为行星上的沙尘暴能够吸收污染物并在其表面扩散。因此，我们能够在地面上保持火星零污染的可能性很小。这意味着，如果在火星上发现了生命，它必须与地球上的所有生命大不相同，我们才能确信这种生命源于火星。

在其他情况下，行星保护措施要严格得多。伽利略探测器在 2003 年特意潜入木星毁灭性的大气层，在地狱般的大火中爆炸。这样做是为了确保伽利略探测器不会污染木卫二表面下可能存在的生命海洋。此外，探索土星的卡西尼号探测器在大气中燃烧，以防止其前向污染。

有时，在大气中燃烧探针是消除污染的最佳方法。当然，如果探测器会说话，它们可能会为你讲述一个与此完全不同的故事。

合成生物学的根源

假设我们在其他星球上发现了一个有机体，并且我们确信它并非来自地球，那么，它会是什么样子的？我们并不知道这个问题的答案。因为我们目前对生命的理解只基于一个星球，那就是地球。此外，随着新的极端微生物不断被发现及合成生物学方面的重大进展，我们对地球生命定义的理解也在逐渐发生变化。合成生物学是一门相对较新的学科。1961 年，当弗朗索瓦·雅各布（François Jacob）和雅克·莫诺（Jacques Monod）研究大肠杆菌时，细胞受模块化分子网络调节的理念（现在看起来很明显）也出现了。细菌使用乳糖（如牛奶中的乳糖）作为能量来源，这是由乳糖操纵子驱动的，这是一组具有单个启动子的基因，当被利用时，它会激发细胞的活力。这种配置定义了遗传回路的第一个组成部分。

这种基因控制的开关让雅各布和莫诺将所有基因功能想象成可编程电路，就像计算机一样。20 世纪 70 年代至 80 年代，合成生物学的种子开始在分子克隆的帮助下发芽。一旦限制性内切酶将 DNA 片段切割、粘贴在一起，修改不同生物体的遗传密码，甚至将不同生物体的各个部分组合在一起都将成为可能。20 世纪 90 年代初，人们对多种生物的基因组进行测序，包括流感嗜血杆菌、酿酒酵母和最终的大肠杆菌，为比较基因组学铺平了道路，其中，跨基因组和基因组之间的片段被发现、注释、分析。

2000 年，第一个合成通路诞生，这些合成通路以结构化的方式被创建并移植到另一个系统中。这些合成通路在 2002 年至 2003 年被整合到大肠杆菌中，从而产生了第一个工程细菌生成的药物（青蒿素）。基于这些实验，我们开始寻找有关小分子治疗剂的全新方法。然而，这件事具有挑战性，进展缓慢且十分费力。所有分子都需要经过多个步骤来合成和扩大，以便更容易被人体细胞吸收。正如很多生物技术（如密码子优化）那样，我们需要不断完善研究。

为了解决问题，2004 年，国际基因工程机器（iGEM）竞赛将高中生、本科生和研究生聚集在一起，看看谁能设计出最好的生物体。iGEM 小组率先开发了多种类型的合成生物学标准技术和编程软件。合成生物学开放语言（SBOL）是一个用于设计可以与世界各地的人共享通路、细胞结构和合成生物学组件的框架。本书的第一个概念——一个 500 年的十阶段计划于 2011 年产生，这个概念基于威尔康奈尔医学院梅森实验室 iGEM 团队的一个帖子。

2004 年，合成生物学国际会议（SynBio 1.0）汇集了不同领域——包括遗传学、化学、物理学、电气工程和设计——并将它们整合到一个复合领域中。然而，真正的考验是，我们是否能通过修改细胞基因组的元素，将另一种生物的基因组片段插入其中，并准确预测会发生什么。麻省理工学院和后来的斯坦福大学的生物学家德鲁·恩迪（Drew Endy）将这些集成部分称为"生物砖"。因此，标准生物部件的"登记处"诞生了，该"登记处"今天仍然活跃。

在合成生物学国际会议期间的许多设想在不久后变为了现实。2006 年，人们创建了第一个用于侵入癌细胞的细菌。2007 年，人们创建了第一个可以控制生物膜的工程噬菌体。2008 年。生物燃料的作用在大肠杆菌中突显，人们还发现了振荡器和逻辑开关。然而，这些都是能够在大肠杆菌中实现的相对简单的系统。显然，更大基因组的分子调控（如表观遗传学和组蛋白密码）更加复杂，这带来了额外的挑战。2009 年，吉布森 DNA 组装方法出现，这有点像将小的乐高积木组合成更大的乐高积木。这种方法与具有计算系统变化能力的"边缘检测器"通路的工程相吻合。由此，"遗传时钟"的想法诞生，它可以与 2010 年和 2011 年的人口感应机制相结合，甚至于 2011 年被用于证明细菌的布尔逻辑（*译者注：布尔逻辑，由乔治·布尔提出，以与普通代数描述数字关系相同的方式来描述逻辑关系）。

最低限度的生活必需品

2010 年，研究人员在合成生物学方面的成就可谓是一个巨大的里程碑。第一个化学合成的基因组是从零开始制作的，该研究在题为《由化学合成基因组控制的菌细胞建造》（Creation of a Bacterial Cell Controlled by a Chemically Synthesized Genome）的论文中得到阐述。这项研究表明，我们可以创建一个完全合成的基因组（由简单的核苷酸制成），将其放入细胞中，然后就可以重新启动，激活生命。2012 年，杰夫·博伊科（Jef Boeke）合成了酵母的整个染色体臂。2013 年，基因工程大肠杆菌商业化生产青蒿素被创建。2020 年，贾森·凯利（Jason Kelly）、汤姆·奈特（Tom Knight）的 Ginkgo Bioworks 合成生物学公司，能够按需生产定制的可编程细胞。人们还用合成酵母来制作啤酒，味道相当不错。

基于这种对生命工程的追求，人们更加欣赏生命本身的基本组成部分。一个细胞存活所需的最少基因数量是多少？J. Craig Venter 研究所通过研究最简单的生物体来回答这个问题。研究人员缓慢地从蕈状支原体（JCV-syn1.0）中移除基因，以找到最简单的遗传最低密码集。蕈状支原体是一种基因含量非常低（约 600 个基因）的生物体，它表明生命可以具有精简的遗传形式。2016 年，研究团队在一篇开创性的论文（Hutchison 等人撰写）中表明，蕈状支原体只需要 473 个基因就可以在培养基中存活。虽然我们尚不清楚未来会在其他星球上发现什么东西，不过，地球上独立的、运作良好的生物体所需的基因数量的最低标准已经明确，这个结论是基于当前的遗传密码得出的。有关合成生物学的研究人员及 GP-write 的成员为我们研究更多类型的基因、基因组、生命化学的基本组成部分提供了新思路。

重新编码基因组和新的遗传密码

地球的生物学主要基于 4 个核苷酸，然后将其转录成核糖核苷酸 （RNA），以在细胞周围移动信息。随着时间的推移，这些生命的基础物质与它们创造的多样化生命，共同构成了一碗满溢而出的字母汤面。我们将这碗汤面倒在地上，面条随机下落，在地板上形成文字和元素。然后，一个蹒跚学步的孩子（相当于选择压力）向我们爬过来，选择有意义且应该传递的字母（环境适度）。虽然这个基本框架的组合可能很宽泛，甚至有可能创造出更多的独特生物，但对人类解读遗传密码而言，限制颇多。

迄今，各种生命的偶然进化受到了不同程度的制约。这些限制受到构成地球生命的 4 个核苷酸的约束，将 4 个碱基限制为 64 个三字母密码子（$4^3 = 64$ 个密码子）。如果密码子有 4 个碱基那么长，就会有 256 种密码子-tRNA 组合。256 显然比 64 多很多，但这真的对生活更好吗？这就需要更多的 tRNA，正确识别匹配结果的概率会更低，还会浪费细胞资源，并且需要调整所有 tRNA，以进行恰当结合。

当前的约束和组合实际上带有不同程度的冗余，这些冗余包括 3 个表示"停止"的密码子，以及氨基酸-tRNA 匹配中的冗余（匹配 20 个氨基酸的 60 个密码子）。

这种冗余存在于地球生命的各个层面，可以通过重新编码基因组，以多种不同的方式加以利用。例如，由于病毒的基因组将冗余密码子作为其编程的一部分，因此如果将细胞重新编码为单个只有一个密码子的氨基酸，病毒的效果就会减弱（甚至根本无效）。2016 年，丘奇通过这种重新编码策略来创建抗病毒细胞。目前，人类基因组编写计划正在向相同的目标努力，以制造不会感染病毒的人体细胞，将其用于被大量使用的药物研发中。缩小遗传密码，可以让有机体的活动消耗更加集中，并使其对感染免疫。

消除选定生物体中的冗余密码子，会创建一个外来入侵者不了解的"密码"。除了遗传密码的 4 个碱基，我们难道没有天然碱基对之外的选择吗？目前看来，我们确实没有更多的选择。

有关非天然碱基对（UBP）的研究始于 1989 年，史蒂文·本纳（Steven Benner）制造了修饰形式的胞嘧啶和鸟嘌呤，在体外将它们整合到 DNA 分子中，然后让它们真正开始复制。2002 年，由 Ichiro Hirao 领导的一个日本研究小组创造了一种 UBP，其具有能够转录的嘌呤（A,G）和吡啶（C,T），这些编码的非标准氨基酸（NAA）被进一步整合到蛋白质中。它们的全称是 7-（2-噻吩基）咪唑并[4,5-b]吡啶（Ds）和吡咯-2-甲醛（Pa），简称 Ds-Pa。

要想长期使用新的 UBP 和 NAA 系统，就需要保证其具有稳定性，也就是不会轻易变为自然碱基，并且能够进行高精度复制，以跨代保留代码。其中一些目标在 2006 年实现了，采用了人工扩展遗传信息系统 （AEGIS），包括 4 个基本的"香草"核苷酸（A、C、G、T）及 2 个额外的非标准"调味"核苷酸（Z、P）。这种新型 ACGTZP

DNA 序列碱基，每个密码子有 3 个碱基，216（6^3）比 64（4^3）多了不少，极大地增加了氨基酸的潜在组合方式。

2012 年和 2014 年，弗洛伊德·罗姆斯伯格（Floyd Romesberg）和他在斯克里普斯研究所的团队在宿主细胞中进行了相关实验。他们制作了一个含有天然碱基对的质粒及一个新 UBP，即 d5SICS-dNaM。该质粒被整合到大肠杆菌细胞中并繁殖了几代——这是第一个将扩展的遗传密码传递给后代的活生物体的例子。这一成功来之不易，他们测试了 300 多个 UBP 非功能变体，直到细胞能够完美复制自然界从未有过的新功能碱基。该团队还需要添加一个"外来基因"，特别是一种表达核苷酸三磷酸转运蛋白（NTT）的基因，这种酶可以有效导入 d5SICSTP 和 dNaMTP 的三磷酸盐。

2019 年，本纳、Shuichi Hoshika、Nicole Leal 的研究更进一步，他们生成了一个 8 个字母的遗传密码，将其扩展到 512 种组合，这被恰当地命名为"hachimoji DNA"（意思为日语中的"8"）。这 4 种新碱基（P、B、Z、S）与嘌呤和嘧啶一样来自同一种含氮结构。这些结构使核苷酸成为真正的 UBP，并形成氢键，如 S-B 和 P-Z。然而，功能基因组不仅仅包含氢对。因此，我们需要应对一些新的挑战。添加遗传密码改变了双螺旋的电荷、结构和稳定性，也增强了 DNA 的打开、关闭等功能。未来，我们需要设计和优化酶来控制这个新代码。

这些新形式的 DNA 不仅显示了通过人类工程可以在地球上生成何种生命，还阐明了其他星球上可能存在不同的生命。在地球上，通过这些改变，我们可以制造改良的抗感染细胞，研究新型生物聚合物和疗法。就像其他基因工程理念一样，这些改变可能会逐步融入人类。通过造血疗法，我们可以将重新编码的细胞应用于人类。例如，我们可以对造血干细胞或前 T 细胞进行重新编码，将其用于治疗实践（无论对抗癌症还是改善血红蛋白的形成方式），防止患者输血后感染。因此，通过在质量受控的环境中重新编码，感染的风险将大大降低，我们还可以通过使用安全系统（本质上是添加到工程细胞中的自毁开关）来避免感染。如果我们真正掌握了该方法并保证其足够安全，则整个生殖系都有可能在外子宫内重新设计、发育。

目前，重新编码地球基因组的工作仅开展了几十年。未来，在几百年的时间里，我们有可能为其他行星部署全新的适应性系统，来应对各种独特的挑战。其他行星上的生命可能与地球上的生命迥然不同，因为它是在一套与地球规则不同的行星中产生、发育的。也许，其他行星上的生命与地球上的生命遵循完全相同的基本规则，仅由 4 个核苷酸和 64 个密码子就足以构成生命。当我们找到在不同天体保护下诞生的其他生命时，我们才能得知这一问题的答案，时间会证明一切。

有目的地重新编码选定生物的基因组，可以开辟一种新的"核酸行星保护"形式。在这种范式中，我们可以设计有机体，使它们只能在它们要前往的特定星球上生存，从而防止不同星球之间发生意外污染。此外，经过数千年，我们可以了解哪些核酸和系统在外星环境中最稳定、适应性最强。基于此，我们可以重新调整编码策略，在探索太阳系之外的更多属性未知的行星时，让有机体存活下去。利用这些系统，我们可以防止全球性的意外污染，最大限度地让各种生物体生存下去。

跨物种器官

生命不仅需要生存，还应该更加繁荣。我们从动物模型和由克雷格·韦斯特佛（Craig Westover）领导的梅森实验室的研究中了解到，在一种生物体中检测出的遗传元素，可以整合到另一种生物体中。此外，我们还研究了通过其他基因的组合来创造新基因以实现新的细胞功能的案例。但是，我们该如何应对更大的器官、系统的整体变化呢？我们可以从一个有机体中取出一个器官并将其整合到另一个有机体中吗？这能帮助工程生物体正常生存、茁壮成长吗？如何才能使这个愿景成为现实？其实，我们只需回顾 2017 年的研究，就能找到问题的答案了。为了解决人体器官短缺的问题，eGenesis 公司的科学家使用 CRISPR 从猪的基因组中去除了 25 种危险病毒。当我们使用猪的器官进行移植时，猪基因组中常见的猪内源性逆转录病毒（PERV）会导致移植排斥。将 PERV 进一步整合到人类基因组中，会导致免疫缺陷，甚至癌症。因此，我们需要去除或灭活 PERV，以提高这个疗法的安全性，并使其有可能得到推广。然而，这并不是将其他物种的器官用作人体移植的唯一阻碍。病原体的人畜共患（从动物到动物）传播风险包括疯牛病、埃博拉病毒和一些冠状病毒，甚至是 HIV。此外，即使从供体动物身上清除了所有潜在的病毒，也会产生其他并发症，如非正常的血液凝固和免疫排斥。

2020 年，eGenesis 的首席科学官杨璐菡与启涵生物合作，创造了具有 42 种特定基因变化的猪，这些基因变化可能有助于减少移植产生的排斥反应。她称其为 Pig 3.0，因为这是他们编辑的第三个版本。他们编辑、灭活了 30 个 PERV，外加 3 个可能导致人类免疫排斥的猪基因（GGTA1、CMAH、B4GALNT2），还添加了 9 个人类基因（hCD46、hCD55、hCD59、hB2M、hHLA-E、hCD47、hTHBD、hTFPI、hCD39）。

经过进一步检查，Pig 3.0 动物的情况似乎还不错。它们不仅可以生育，还拥有正常的窝产仔数，其中，包含以正常孟德尔方式进行的基因改造。这些幼崽能够绕过人类抗体（IgG 和 IgM），使结合率减少 90%。此外，Pig 3.0 猪对基于 NK 的细胞杀伤表现出更强的抵抗力，对巨噬细胞的吞噬有轻微抑制作用（10%），在血液凝固方面也有一定的效果。总体而言，相关数据显示，对于它们的编辑可以按预期执行，跨物种之间的编辑也是如此。经过数十年、数百年的发展，这种工程设计有望更好地发挥作用，从而实现动物到动物的普遍移植。

但是，如果一个物种被编辑为另一个物种身体部位的宿主，这种新的世界秩序会是什么样子呢？这是否侵犯了动物的权利？根据哲学家彼得·辛格（Peter Singer）的说法，一个物种在道德上比另一个物种更重要（物种歧视）的观点无法被接受。这是对有机体权利的侵犯，代表了跨物种的偏见。猪并没有自己的代理权，会不可避免地承受痛苦。

但是，如果器官的发育没有给猪带来任何痛苦，手术能够保证是无痛的，并且这个过程能够在全球范围内减少人类（甚至其他动物）的痛苦，结果又将如何？如果没有产生苦难，并且遵循生存道义伦理学、康德伦理学和功利主义伦理学，那么这种做法可能是合理的。

然而，有些人可能会争辩，无论情况如何，为了改善另一个物种而改造一个物种的行为本身就是错误的。他们可能会说，这种行为带有剥削性，人类应该善待生物。然而，一个简单的思想实验可以解决这个问题。

想象一下，有一辆汽车卡在火车轨道上，汽车内有一个陌生人。想要避免事故发生，你只需按下一个按钮，使火车停止运行，从而挽救汽车内的陌生人及火车上所有人的生命。那么，你会按下这个按钮吗？大多数人都会按下按钮。在这种情况下，你的干预改变了某些人死亡的命运，就像改造一个有机体，让其远离某种疾病一样。

但是，如果你被迫跳入一个油池，并会毁掉一套价值 5000 美元的西装，只需按下按钮就能避免这种情况发生，你会怎么做？值得注意的是，尽管这里唯一的额外负面因素是财务问题，但现在，更多的人会拒绝按这个按钮，他们认为生命的价值超过 5000 美元。道德责任要求我们采取行动，即使这种情况不是由我们造成的。那么问题就变成了：为了实现这个目标，人类要牺牲什么？在上述情况下，要想得出是否应该对动物进行工程改造的结论，我们需要进行哪些基线比较？

这种经过工程改造的动物，应该以这种方式被创造出来——切除器官的过程简单且无痛，动物能够像以前一样生活（可能挽救一条生命）。我们还可以让动物在手术中无痛死去（可能挽救多条生命）。在这些情况下，我们都采取了相应的措施来拯救生命。然而，关于动物被迫死亡的第二种情况呢？事实上，关于基线比较，我们不应该纠结是否要进行工程改造，而是要关注是否存在人为干预。自然界中的动物不断地被其他动物活生生吃掉，它们抓紧地面，寻求自由，喘着最后一口气。

因此，经过改造的动物可能会拥有更好的生活，经历更"人道"的死亡——通过手术死去，免受捕食者的侵害，或在手术期间睡着，在广阔的田野中漫游，并延长其他物种的生存时间。鉴于这种延长的寿命可能使跨物种的生存时间增加，因此，在生存道义伦理学中，对基因进行工程化改造是合乎道德的。

道德抹消

然而，我们做的这些可能远远不够。通常，我们不会注意到世界各地的动物何时会遭受痛苦，也并不知道它们的心理状态。托马斯·内格尔（Thomas Nagel）在《成为蝙蝠是什么感觉？》（What Is It like to Be a Bat?）一文中很好地说明了这一点。麻省理工学院雕刻进化实验室的凯文·埃斯维尔特（Kevin Esvelt）是基因工程、基因驱动和基因工程伦理使用方面的领导者，他的研究表明，人类可以了解动物某些方面的痛苦。

埃斯维尔特提出了一个具有破坏性的问题：我们什么时候拥有道德义务来对生物进行基因编辑？这一问题有很多支撑案例，如根除天花，对人类而言，这明显是件好事。我们确实有天花的基因组，如果出于某种需要，我们就可以将其灭绝。

然而，还有很多更加复杂的物种，如美洲的螺旋蝇。雌性螺旋蝇经常将卵产在牲畜的伤口或皮肤上，由此滋生的蛆虫会吞噬健康及受伤的动物组织，深入宿主的肉体，直到它们因疼痛而倒下。但在动物倒下之前，伤口中的蛆会释放信息素，作为信号吸引更多的苍蝇和蛆。当这种苍蝇感染发生在人类身上时，痛苦同样非常强烈，患者需要用止痛剂来减缓痛苦。

可悲的是，动物不像人类那样幸运，它们无法缓解疼痛，更别说得到有效治疗了。在给定的时间里，世界各地，尤其是在美洲，数以百万计的动物正在被这些螺旋蝇，以及进入软组织中的蛆活活吃掉。最近，人类通过昆虫不育技术（如将不育雄性植入特定环境中）来应对这种情况。值得注意的是，研究此类技术，并非出于无私来保护生物的安全，而是由于代价高昂。据统计，由螺旋蝇造成的牛、羊等动物的死亡，给农场带来了大约 40 亿美元的损失。

然而，昆虫不育技术并不容易实现，尤其是在山区等崎岖地区。人们所需要的是一种可以自我繁殖的遗传元素，它可以在整个种群中传播并改变物种，也就是一种"基因驱动"。正如埃斯维尔特、丘奇等人所描述的那样，基因驱动是一种自然现象。即使受体生物体的适应性和存活率略有降低，遗传元素也会在种群中进行传播。一旦出现 CRISPR 基因组编辑，就有可能用编辑后的基因和 CRISPR 系统的编码副本替换原始序列，并让这种遗传元素在生态系统中传播。因此，通过基因驱动，我们有可能铲除让动物和人类遭受痛苦的根源，但这可能会以我们尚无法预测的方式改变整个生态系统。此外，我们可能会制造出很多无法解决的问题。无论如何，减轻痛苦都是合乎道德的事情。

我们完全可以干预昆虫体内的基因驱动，并确保宇航员的安全，从而避免痛苦。到 2200 年，这种方法很可能会在实验室中得到广泛应用，新的基因驱动类型将被创造出来并进行测试。除了物理、生态的限制，康奈尔大学的杰克逊·钱珀（Jackson Champer）和菲利普·梅塞尔（Philipp Messer）利用两种方法对"分子保护"进行开创性研究。第一个方法是使用"合成目标位点"驱动器，它在目标物种的 DNA 中产生一个在野外不会出现的工程位点。第二种方法是使用"拆分驱动器"，驱动器无法单独运作，因为它缺乏自己的核酸内切酶，因此需要其他来源的核酸内切酶。

从 2050 年到 2200 年，我们可以研究多种方法，从而降低实验风险。其中，有仅在特定化学物质中才能生效的"致敏驱动"，限制驱动复制事件发生次数的"不稳定驱动"，在遇到另一个基因特征（如另一个基因驱动）时被抑制的"交互驱动"，能够保护一个亚群（如男性或基因亚群）的"免疫驱动"。虽然我们尚不清楚哪种方法最有效，但我们能够掌控这一过程。

基于前文的讨论和生存道义伦理学，如果出现以下情况，则我们可进行基因组编辑。

（1）生命的繁殖：想要孩子但不能生育的夫妇（包括同性伴侣或

具有遗传疾病的夫妇）。

（2）生命的生存：人类被送往环境恶劣的地方（受保护的宇航员）。

（3）生活的质量：可减轻动物的痛苦（如新大陆螺旋虫）。

针对以上几种情况，我们在道德层面上有义务开展基因工程。

增强感知

随着 2201 年越来越近，人体能力增强的现象将广泛存在，更多新奇的粒子将会出现。其中，可能包括一些有趣的能力，比如人类拥有了尾巴；视觉得到改善，以便我们能够感知更多光谱。这些想法在 21 世纪初只出现于科幻小说之中，但到了 2201 年，它们可能会成为现实。

例如，我们可以使用眼睛中的视杆细胞和视锥细胞来改善视觉。当你观察光线时，眼睛中的视杆细胞和视锥细胞会吸收光子，将这些离子流转化为信号，然后启动一个长的多基因和多细胞级联反应，从而产生你所看到的颜色和形状。在杆状细胞中进行的关键一步需要使用环磷酸鸟苷（cGMP），其携带着信息，通过细胞质和自由浮动的视网膜视盘。质膜在锥体和圆盘中是连续的，但它们仍在使用 cGMP，这会导致能源的大量浪费，就好像乘坐直升机去拜访隔壁的邻居。

人类视觉的重要组成部分是一种被称为视网膜的分子，它源于维生素 A，有助于在与特定波长的光子相互作用后，扩大对光的感知。没有维生素 A，人眼内的回路将会逐渐退化，并失去夜间视物的能力，最终失明。然而，包括视杆细胞和视锥细胞在内的人体细胞并不能合成所需的维生素 A，这种对生命至关重要的成分完全来自饮食（这个问题将在下一章中解答）。通过研究在弱光环境中觅食的动物，我们可以进一步改善对光的整体捕获方式。

一些动物的眼睛后部有一个类似镜子的组织层，称为透明绒毡层，它将光线通过视网膜反射回来，增加了可以捕获并用于制作图像的光含量。猫、狗、一些深海动物和灵长类动物（如狐猿）身上都有这种组织层。理论上，人类也可以获得透明绒毡层，但代价是，要失去部分聚焦的能力。

为新星球设计新眼睛

为了解决聚焦问题，一些夜间活动的哺乳动物改变了眼部细胞的整体结构，这不仅有助于它们的生存，还为人类带来启发。例如，视杆细胞内的核模式可以翻转，让异染色质位于细胞核中心，常染色质和其他转录因子位于细胞边界。该层的厚度也可以增加，形成视杆细胞的堆叠。这种堆叠的细胞层会增加光击中必要的感光器的概率，从而在不失焦的情况下增强捕获光的能力。采用这种方式，我们能够改造眼睛，将眼睛变得更大，进一步增强捕获光的能力。我们甚至可以为眼睛添加更多组成部分（如昆虫的复眼），每个人可以拥有多双眼睛。

如前文所述，波长具有高度特异性。因此，视锥细胞可以进一步完善，以响应额外波长的光。如果所有问题都得到解决，人类就有可能对世界和宇宙产生全新认知，如热成像、红外视觉。很多与动物相关的研究表明，要想增强人类的视力，实现这些目标，困难重重。蛇等冷血动物可以感知红外光，它们的上下颚都有热传感器。蚊子可以感知某些动物的二氧化碳和热量（这一点对人类来说很不幸），从而以高精确度吸血。鱼（金鱼、鲑鱼、食人鱼和慈鲷）可以激活红外视觉，从而在浑浊的水域中灵活游动。青蛙也有红外视觉，它们通过使用维生素 A 和一种叫作 Cyp27c1 的酶来激活红外视觉。

我们可以利用红外视觉，感知周围的热信号，就像蚊子那样。人眼可以检测到可见波长（400 ~ 700 纳米）的光，马萨诸塞大学医学院 Gang Han 的研究表明，人眼感知的波长能够扩展到 750 ~ 1400 纳米。这表明，人眼有可能像热成像相机一样，检测到物体发出的红外辐射。2019 年，Gang Han 等人在小鼠视网膜后注射了一种名为上转换纳米粒子（UCNP）的物质。这些纳米粒子含有几种稀土元素（铒和镱），能够将低能光子从近红外光转换为高能绿光，然后小鼠将其转换为正常的可见光。这是通过在感光器上附着一种与葡萄糖结合的蛋白质来实现的，从而改变底物。工程小鼠能够在近红外光照明等环境中正常走动，非工程小鼠则对 NIR 信号视而不见，无法找到正确的道路。

最重要的是，纳米粒子是安全的。它们在老鼠的眼睛里至少存在了十周，没有产生明显的副作用。原则上，哺乳动物的热成像视觉可以用有机染料以类似的方式进行设计，我们可以对其进行调整，使其产生更多颜色，理论上，在生命形成的早期就可以这么做了。这对于将宇航员带到远离太阳的行星（如土卫六）的长期任务来说至关重要，在这些任务中，低能光子、红外外视、近红外视觉的作用极大。

我们还可以改善大脑本身。例如，在跨系统发育中比较哺乳动物时，高等哺乳动物大脑皮层（控制基本运动）的感觉线路和运动线路差异明显，差异也出现在独特的皮质脊髓束中。具体来说，延伸到脊髓运动神经元的皮质脊髓轴突末梢的数量不断增加，从原始猿到猿再到人类，甚至可能影响语言的发展方式与发展时间。因此，进一步增加这一数值可能有助于发展更精细的运动技能，从而提高在其他星球上的生存和适应能力。我们可以研究所能探测到的生命的极限，然后去突破生命本身的极限。

THE NEXT 500 YEARS

Engineering Life To

Reach New Worlds

第六阶段：拓展生命的极限
（2201—2250 年）

"预测未来的最好方法是创造它。"

——阿兰·凯

2201 年，各种方法都将被用来改善地球上的生活，让宇航员完成特定任务，以及在新星球上定居。如何寻找并应用这些方法，取决于人们未来要去的地方。人们计划建成新家园的星球的物理环境，将对未来所需的基因和分子工程产生重要影响。在不同星球建成新家园的难易程度不同，这将决定生命的触角能伸到多远。

生命的极限

在整个太阳系中，几乎所有对生命特征的期望，都是围绕着我们对地球环境的了解而形成的。但是，这也引发了一些重要的问题。生命的极限到底在哪里？如何让生命适应新环境，以此持续繁衍？

为了解决这些问题，我们把目光投向了嗜极生物，一些嗜极生物必须在极端环境中才能繁衍。一些生物虽然能够忍受极端环境，但更倾向于生活在不那么极端的环境中（极端耐受性）。在理想情况下，通过基因和细胞工程，我们可以提高人类特别是宇航员的极端耐受性。虽然有一天可能会出现一个天然或人工的完美地球复制品供我们拜访，但要想在太阳系的其他星球上生活，还需要进行大量的工程改造。火星上的一些地区可能存在地球的极限温度，而其他行星，如金星，其温度比地球上最热地区的温度还要高得多（见图 8.1）。如果我们想使人类拥有极端环境下的耐受能力，就必须先研究地球上的嗜极生物。

佛蒙特大学的斯科特·泰格（Scott Tighe）、NASA 的文卡特斯瓦兰和威尔康奈尔医学院的梅森实验室开展了极端微生物组项目，详细研究地球上的极端生物。这项研究不仅向我们展示了地球生命赖以生存的条件，还揭示了使生命得以存在的生物化学机制。一旦了解了这些适应性的生物功能，我们就可以将其转入其他系统，如人体和其他有机体，我们还可以将其送往其他星球并确保其能够存活。

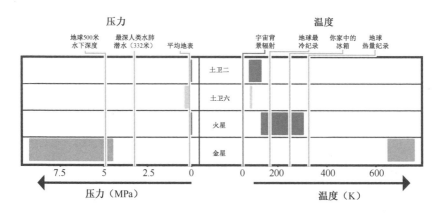

图 8.1　生存梯度：对比压力和温度，地球在太阳系中处于一个特殊的位置

嗜极生物生活在地球上的不同环境中，压力源类型颇多，包括高温/低温（嗜热/嗜冷微生物）、高压（嗜压微生物）、高盐度（嗜卤微生物）、高/低 pH 值（嗜碱/嗜酸）和高辐射（嗜辐射）。此外，内石微生物可以在地球岩石、含水层和裂缝深处的微观空间中生存，

这也是火星和其他星球上最有可能存在生命的地方。然而，地球上的生命也有可能是从海底热液喷口（黑烟囱）沿线的嗜热菌产生的，如今，我们能够在温泉、热液喷口和深海喷口找到它。火球菌是一种嗜热菌，它于黑烟囱壁附近 113℃的环境下被发现，自身可进行再生。中国的一些黑烟囱中有古细菌，它可以利用化学合成产生 H_2S，并能够在 400℃的高温下生存。

嗜冷菌能够适应寒冷的环境，它们喜欢北极和南极的气候。帕布罗·兰佩洛托（Pabulo Rampelotto）的研究表明，嗜冷菌的蛋白质含有更多的甘氨酸，具有更强的灵活性，这减少了与其他蛋白质的分子内的相互作用，并以更小的片段呈现出来——所有这些都是为了避免冰冻。2014 年的一篇论文（Christner 等人撰写）指出，南极洲的一些古细菌似乎只需要 $NH4^+$ 和 CH_4 就能生存，可能在完全没有阳光或风的环境下生存数百万年，它们甚至可以在木卫一上生存。

嗜辐射的物种可以抵御高量的辐射（包括 HZE 和核辐射）。有"细菌超人"之称的耐辐射球菌可以承受高达 5000 戈瑞的辐射，而热球菌可以承受更高的辐射（30000 戈瑞），两者都可以在核电站的冷却水中找到。超人拥有很多超能力，这些细菌也如此——它们能在极度寒冷、干燥、完全真空，甚至是低水平的 pH 值环境中生存。因此，它们被称为"多栖动物"，基本上每一类都可以在多种极端环境下生存。

2201 年，将出现一份完整的关于地球适应性和生长能力的大纲，阐明嗜极生物的功能的基因来源，并被应用于其他物种。虽然这些想法已经在 2021 年进行了实验，例如，我们的实验将缓步动物的基因嵌入人类细胞以抵御辐射，但这份完整的大纲将提供更好的操作方法。我们可以将这些基因整合到人类细胞的人工迷你染色体上，使其能够长期生存，不改变受保护的人类基因组，甚至它能够被轻松去除。这种先进的基因整合系统将使特定情形、特定时间的基因修改变为可能。2250 年，人们将着手研究到达更远的行星或卫星的方法，如土卫六，并寻找制造光和能源的新方法。

人造夜与昼

如果环绕我们的人造光能遵循日月交替的规律，我们睡眠和醒来的生物节奏——昼夜规律就能更好地维持下去。拥有将光波长设计为所需要的纳米级的能力，将有助于植物生长、人类工作和微生物研究。离我们的地球越远，光就越难达到那里。

量子点（qDots）是小型的、纳米级的工程晶体，可以根据其大小发出各种颜色的光。它们是在引领半导体工业革命的基础上被建立起来的，能够产生各种颜色（如 Nano-Lit Technologies 与 Sarah Morgan 的合作）。现在，我们可以在太阳能电池、荧光生物标签、医院和办公室的顶部照明中找到量子点的影子。国际空间站在几个模块中对其进行了试用，以此来改善人们在站内的生活和工作。如果只是计划进行一次远离地球的短途旅行，有能够实现类似地球环境的技术，如让太阳升起和落下，那么人们将能够轻松适应新环境并拥有更高的生活质量。但是，这种将一个新星球的光线与地球的标准周期正常化的做法是否必要呢？

幸运的是，地球上的许多有机体已经适应了无光的环境。有机体可以适应无光的环境，也许人类也可以。生活在海洋深处的生物可以不受阳光的限制。鮟鱇利用生物发光，从而产生一个诱饵光源，将诱饵光源置于自己的脸前以捕捉猎物——这是一种独特的捕食方式，好比钓鱼竿和维纳斯捕蝇草结合，生了个"孩子"。在海底黑暗的深处，远处的微弱光线对一些生物来说充满诱惑。只要猎物离鮟鱇非常近，鮟鱇就会主动出击。鮟鱇只是在寒冷、黑暗的海底生存了约 1.3 亿年（根据线粒体测序研究）的几十个已知物种之一。因此，早在人类与他们最后的祖先分道扬镳之前（大约 600 万年前），整个生态系统就已经设法在完全没有光和近乎冰冷的水（−0.15℃）、3%～4%的盐度中生存了。

土星的卫星恩克拉多斯（Enceladus）可能有一个完整的地表下海洋，除了从其中心射出灼热二氧化硅羽流的地方，其他地方都非常冷（约-173℃）。在那里，海洋温度大约-83.15℃，接近于地球海洋中热液喷口的温度。Sean Hsu 等人 2015 年的研究表明，因为灼热二氧化硅和盐水羽流的存在，恩克拉多斯可能存在生命，甚至能够繁荣发展。

土星存在生命的猜想基于在地球的热液喷口中发现的生物适应性。这些喷口通常在"行星推拉"区域附近被发现，例如，海底的火山活动区域，那里的构造板块正在移动。恩克拉多斯存在土星引力和轨道动力学的推拉作用，这源于它的硅石活动羽流，而地球的构造板块不断运动，仍然由液体铁核沿着地幔进行推拉。因此，持续的行星挤压有助于生命的出现。

整个生态系统已经在陆地羽流中存在数百万年了，创造了新的生命和生物化学过程。这些生态系统包括诸如西伯达管虫等生物，它们可能比普通人更大、更黏稠，而且（有可能）更可爱。喷口的温度可以达到 400℃，其周围游动着各种虾、蛤蜊和微生物。这些微生物在没有阳光的环境下可能生存了几十亿年，利用化学合成作用将碳变成不同的形式。这些微生物通过氧化（失去电子）无机（无碳）化合物，如喷口的氢气、硫化氢、甲烷，将营养物质转化为有机物，将这些分子作为能量，并利用电子转移来生存。

深海的微生物拥有类似于地球动物的共生机制。深海喷口的巨型管虫从一个不寻常的、私有的地方获得必要的化学物质。芽孢杆菌生活在这些巨型管虫体内并受到保护，还会创造有机化合物，使管虫能够在没有消化系统的情况下生存。由于硫黄只存在于极热的喷口流体中，而氧气只存在于相邻的冷海水中，因此这些细菌能够获得生存所需的化学物质。巨型管虫依靠硫代自养菌得以生存，它们是完美体现共生关系的一个例子，可以作为土卫六或其他星球的重要参考。

然而，这种共生关系并不容易实现。硫自发地与氧气发生反应，形成氧化物，就像铁与氧气发生反应，形成铁锈一样。因此，硫代自养菌通常只在海洋和大气的交界处生存，这种环境有助于它们与硫黄"生锈"作斗争。在深海中，这种环境交界处也可以在大型蠕虫体内找到，使其有可能与哺乳动物形成共生关系。

我们已经了解到地球极端地区存在各种蓬勃发展的生命，如果恩克拉多斯星球或其他有液态水的星球上不存在任何生命，这实在无法令人信服。即使生命没有在这些地方自然形成，如果我们小心地、有目的地把它们放在那里，地球上的一些嗜极生物也可能会在那里茁壮成长。

原生代人类

在许多方面，与能够创造所有自己所需代谢物的嗜极生物、细菌相比，人类是可悲的、虚弱的"乞丐"。通过不定向、无意识的进化，今天的人类仍无法自己合成生存所需的 20 种氨基酸中的 9 种。因此，为了生存，人类必须从饮食中获得这 9 种必需的氨基酸（组氨酸、异亮氨酸、亮氨酸、赖氨酸、蛋氨酸、苯丙氨酸、苏氨酸、色氨酸、缬氨酸）。

遗憾的是，人体所需的几种基本维生素也无法由人体细胞自行制造，包括维生素 A、维生素 B1（硫胺）、维生素 B2（核黄素）、维生素 B5（泛酸）、维生素 B6（吡哆醇）、维生素 B7（生物素）、维生素 B9（叶酸）、维生素 B12（钴胺）、维生素 E 和维生素 K。此外，虽然某些维生素可以由人体产生，如维生素 B3（烟酸）和维生素 D，但由人体自己产生的量非常有限，因此人类需要通过食物、肠道微生物群补充这些维生素。通过进化选择和迁移，人类和其他大多数复杂动物失去了合成自身必需的氨基酸、代谢物的能力。我们是否可以用合成的方式来弥补缺失的部分，从而更新人类基因组呢？

为此，2020 年，哈里斯·王（Harris Warg）和杰夫·波克（Jef Boeke）开始更新人类细胞，尝试向人类细胞添加合成的维生素。要实现整个计划，需要付出相当大的努力。一些分子很容易合成，如缬氨酸只需要增加 4 个步骤，色氨酸需要约 16 个步骤，苯丙氨酸需要约 13 个步骤，组氨酸需要在人体细胞内进行 10 个连续的步骤。总而言之，所有维生素和氨基酸，可能只需要对 230 个基因进行调整，这在开源硬件、自己动手改造生物和实用超人类主义项目中引发了颇多关注。

在人类目前能够合成的氨基酸中，"目前必需的"氨基酸代表需要进一步工程化才能由人体自己生产的氨基酸。具体步骤及相关基因的数量、合成所需的投入见附图 4。

在人类的基因组中，早已被遗忘的基因可以被重新激活，使分子自力更生。在我们的基因组中，以及在"干鼻"灵长类动物的基因组中，一个没有活性的维生素 C 伪基因静静地躺在那里，等待着复活。"湿鼻"灵长类动物，如狐猴，有一个活跃的、功能性的拷贝。由于缺乏维生素 C，15 至 16 世纪，海洋上的探险家面临坏血病的威胁，这在遥远的太空中也将是一大挑战，因此，我们需要找到可用的营养物质。然而，设计人类细胞来合成自己的维生素 C，从而防止坏血病，成为未来旅行者需要解决的问题。此外，如果我们重新激活基因，也许橙子和酸橙就只将用于娱乐，而非用于生存。

虽然这种合成维生素 C 的方式已经在小鼠模型中得到验证，但由于其所具有的多态性，仅仅重新加入合成的维生素 C，可能会导致意想不到的负面结果。作为一种功能性基因，维生素 C 从我们的基因组中消失，可能出于长期的进化原因。一个可能的原因是，我们的祖先通过饮食获得了足够的维生素 C，不需要拥有自己合成维生素 C 的能力，这种活性处于一个无功能状态。在这种情况下，重新引入维生素 C 可能是安全的，我们不需要补充剂就能获得维生素 C。无论意图如何，增加基因都是非常复杂的，后果无法预测。然而，通过数十年对不同疾病、环境的研究，我们会对基因编辑产生更深入的认识。问题最终会归结为：为了特定的收益，我们要付出哪些代价。有了足够的时间，损失可以最小化，收益可以最大化。最终，我们将有可能制造出原型（能够制造所有需要的氨基酸）人类细胞。

娱乐性基因增强

随着有关基因工程的研究不断深入，最终，这些技术将应用于更多有趣的领域。一旦这种现象变得常态化，人们将可能把基因增强作为一种娱乐活动。然而，无处不在的强大技术、疗法可能有被滥用的风险。

21 世纪初，美国发生了一起疗法滥用的悲惨事件，当时阿片类药物价格低廉，容易买到。这些药物的开发源于纯粹的医疗目的，其作用是减轻刚做完重大手术或处于恢复期的病人的痛苦。如果不愿在难以忍受的痛苦中煎熬，病人可以通过服用阿片类药物减轻疼痛。然而，这些药物非常容易上瘾。当时，这种药物被大量使用，然而制造商隐瞒了它们的成瘾性，这导致了随后的几十年美国的预期寿命降低（尤其是白人男性）。与以往由战争、饥荒、疾病导致的预期寿命降低不同，这是有史以来第一次由药物引发的悲惨事件。美国儿童，特别是白人，以及农村人口，其预期寿命可能比他们的父母更短。

截至 2019 年年底，阿片类药物仍然被滥用，不过，在各项规定的保障下，阿片类药物危机有所缓解，如免费诊所、社会基础设施建设等得到了大力支持。最终，那个被无处不在的廉价镇静剂破坏的社会重归正轨。

这个充满警示作用的事件也适用于基因增强技术的娱乐性用途。未来，人们可能出于好奇去增强他们的基因组或表观基因组，以便更好地吸收各种药物。有了上述表观遗传学编辑方法，人们可能突然做出决定："我想在今晚打开这些基因""我想在夏天激活这些基因"。如果他们按照这个决定开展行动，就可能会感觉到药效增加了一百倍，而服用量只有从前的一半。目前，我们对修改染色质和基因工程的认识尚不深入，也并不完全了解潜在的风险。这种做法可能不会产生风险，但也可能破坏细胞、扰乱监管。

不过，我们有理由相信，娱乐性基因强化的发展可能与对 HIV 的治疗类似。20 世纪 80 年代初，被诊断出 HIV 就像被判了死刑。

但在抗逆转录病毒疗法、核碱类似物药物和免疫调节药物出现后，患者的预期寿命就慢慢增加了。2017 年，《柳叶刀》的一篇文章表明，自 HIV 被发现以来，美国 HIV 阳性患者的平均预期寿命首次超过了美国平均人口的预期寿命。各地的科学家和临床医生都在问一个问题，那就是：为什么？

预期寿命增加，是由于进入医疗保健生态系统变得更加容易，在问题变得复杂而无法通过正常疗法干预之前，我们就能发现这些问题。如果我们发现，一个小感染可能导致败血症，我们就可以提前用廉价的抗生素进行治疗。在组织损伤之前，我们就能诊断出脓肿。这大大减少了身体受到的伤害，可以预期寿命得以增加。

预计在 2250 年，地球周围空间站上的人数会不断增加，他们的预期寿命可能只需通过接受持续的医疗护理和监测就可以增加。无论生活在空间站还是到火星旅行，对微小的医疗变化保持高度关注，将使产生风险的概率大大降低。

不过，一些风险可能只会在飞行中降低。例如，宇宙飞船中的环境与地球的不同，但在宇宙飞船中是否一定比在地球上更危险？也许不是。虽然斯科特在太空待了约一年，其分子发生了许多变化，但在回到地球之后，大部分都恢复到正常水平。而且，一些分子比斯科特未离开地球时更加稳定。在太空约一年后，斯科特的表观基因组和 DNA 甲基化状况的变化比马克的要小。这表明，与国际空间站的环境相比，只在地球上生活会诱发更多的表观遗传变化（这可能是压力的指标，甚至仅仅是衰老）。因此，对睡眠、食物摄入、运动等进行严格监管，可能有助于活得更长久、更健康。

人类细胞被赋予了新的功能，以增加生命的长度和提高生活的质量。火星上，宇航员的寿命可能接近地球上人类的预期寿命。未来，人类的婴儿可能在火星上出生，人类首次前往土卫六的计划也可能最终确定。

THE NEXT 500 YEARS

Engineering Life To

Reach New Worlds

第七阶段：测试世代飞船，栖居严酷世界（2251—2350 年）

"无知是人类发展的唯一障碍，但它是可以跨越的。"

——罗伯特·戈达德

比起从 1750 年至 2000 年的变化，2250 年的人类生存模式与 2000 年时的差别更大。火星上的人们将发展出全新的文化、方言、产品、宗教。

到 500 年，计划的第七阶段，第一批绿芽可能会在金·斯坦利·罗宾逊（Kim Stanley Robinson）所设想的"绿色火星"上发芽，并茁壮成长。这批绿芽并不知道自己是在一个完全不同的星球上生长的，我们赋予它在其他星球能够存活的能力。火星大气压力与地球的比例为 100：1，我们很难想象植物如何才能在火星自由生长，不过，这并非毫无可能。此外，一些细菌菌株甚至有可能在火星的本地土壤中生存。远离火星的计划也将在未来付诸实践，包括对元物种长期生存至关重要的星际任务。我们将建造的飞船不只是简单地执行一次任务，或仅仅使用十年，而是要持续数百年——这是第一艘世代飞船的雏形，将有不止一代人类在这艘飞船上生存。

但首先，我们必须回答一些关键问题。我们有能力把人类送到数光年外的星球吗？我们是让一代代人在同一个航天器上经历生老病死，还是让他们在休眠状态下奔赴下一个星球？这两种选择的背后，分别要遵循哪些道德规范？我们要飞往何方？我们能实现这个目标吗？

世代飞船的挑战

1992 年，我们发现了太阳系外存在行星的直接证据（系外行星）。2020 年，距第一次发现之后不到 30 年，又有数千颗系外行星被发现。此外，这些候选行星中有数百个位于宜居区内，这意味着人类未来有可能在上面生活。然而，为了到达那里，我们需要选拔勇敢的宇航员，让其飞离我们的太阳系；还需要一组更勇敢的代际宇航员，他们将在星际任务的过程中降生。对他们而言，很可能我们的太阳系不过是无数个星球中的一个亮点而已。

让几代人在同一个航天器上生存的想法，实际上由来已久。这个构想最早出现在火箭工程师罗伯特·戈达德（Robert Goddard）发表于 1918 年的文章《最后的迁徙》（The Last Migration）中。当他开始制造太空火箭时，他的一个想法是，制造一个可以永续前进的飞船，最终到达新恒星。在 21 世纪，DARPA（*译者注：DARPA 和 NASA 启动了一个名为"百年星舰"的项目，目标是在 2100 年之前推动研究星际旅行所需的各种技术）的几个成员与凯尔文·朗（Kelvin Long）、罗伯特·斯温尼（Robert Swinney）领导的星际研究倡议（i4is）合作。星际研究倡议致力于展开有关星际旅行方面的研究，为未来长期开展星际任务做好相应的准备。

这种将物种从其母星中解放出来的概念，对戈达德来说可谓极其诱人，每个仰望星空的孩子都憧憬着飞越星辰大海。但是通常，人们都希望自己能够随时返回地球。在未来的某个时刻，我们需要构建由人类主导的星际任务、社会和城市，它们会被构建在一个单一的航天器上，这个航天器将驶向另一个太阳系，然后一去不回。

距离、能源和介质

要想完成这样一个宏大的任务，就要应对许多挑战。其中，最大的六个挑战分别是距离、能量、星际介质、生物/心理风险、鉴别并确定飞行目标，以及道德困境。恒星之间的距离非常遥远，人类很难在合理时间内到达，至少 20 世纪的航天推进方法无法实现这一点。恒星之间的距离通常以光年为单位，一光年是指光在真空中一年所走的距离，或者以秒差距（Parsec）为单位（地球轨道的平均半径偏离一秒弧角的距离），即 3.26 光年。离地球最近的已知恒星是半人马座，距离地球 4.24 光年。尽管与宇宙的规模相比，4.24 光年已经是一个非常短的距离了，但要到达那里仍然需要相当长的时间。可见，目前的航天器的飞行速度实在太慢了。

例如，当阿波罗宇航员 1969 年从月球返回时，太空舱以每小时 39897 千米的速度移动。旅行者 1 号（第一个离开太阳系日光层的人造物体）在 2020 年以每小时 62140 千米的速度移动，这是光速的 1/18000。按照这个速度，旅行者 1 号需要 73687 年才能到达半人马座。此外，在 2020 年，帕克太阳探测器的速度达到每小时 69.2万千米，是有史以来速度最快的人造物体之一。按照这个速度计算，到达半人马座所需的时间缩短到 6617 年，换句话说，仅仅是到达离我们最近的恒星，就需要大约 220 个人类世代。在单个航天器中繁衍 220 代人，对初代宇航员和他们的后代来说都是巨大的挑战。按照让·马克—萨洛蒂（Jean-Marc Salotti）的预测，要想前往火星，至少需要 110 人；要想前往一颗更遥远的恒星，可能需要更多人。

减少航行人数的唯一方法是提高速度，但我们需要应对这个问题：寻找推进和维持飞行速度所需的能源。为了缩短到达新恒星所需的时间，我们必须通过更多的燃料、更加先进的航天器来提高飞行速度。无论哪种技术，要想加速，都需要利用预填充的燃料（不可再生）、恒星的光能，以及宇宙本身的元素（如星际介质中的氢元素）。

我们需要重新审视那些改进推力技术的构想。与其他方法相比，核聚变产生的辐射更少，能量转换率更高效（核聚变的能量转换率大于 1%，而裂变的能量转换率小于 0.1%），能够推动飞船达到更高速度。英国星际协会（Daedalus 项目）、NASA 和美国海军学院（Longshot 项目）的预测表明，若核聚变飞船使用近 2000 吨的燃料，则可获得每小时 100 千米的速度，可将旅程缩短到仅 45 年。此外，反物质驱动在反应效率方面会更好（如拟议中的瓦尔基里项目）。但是，众所周知，控制或创造反物质是极为困难的一件事情，因为宇宙的大部分是由物质构成的。

然而，即便我们拥有速度惊人、燃料效率极高的引擎，解决了距离和能量的问题，我们仍需面对新的挑战：宇宙中的漂浮物。一粒以 90%光速移动的细沙，所包含的动能相当于一枚小型核弹。漂浮在太空中的颗粒大小不一，这项任务所要求的行进速度极高，因此，太空中的灾难性事件随时可能发生。小的微陨石、大的尘埃颗粒都有可能给我们的世代飞船造成重创。因此，这些困难需要通过工程改造来解决。目前可供使用的厚重屏蔽会随时间的推移而退化，其本身也已经非常重了。我们可以考虑以下几个方法：（1）制造更轻的聚合物，以便在飞行中更换和安装；（2）进行超远距离监测，在撞击前识别大型物体；（3）从飞船前部发射某种物质，其能够吸收漂浮物的能量或在接触前进行缓冲。

生理和心理风险

正如双胞胎研究和 NASA 的太空任务所展现的，我们还需要解决一个关键问题：生理和心理的压力。要想提高飞船速度，保护飞船不与碎片相撞，就需要利用冬眠来延缓生理过程。然而，在"模拟冬眠"和"卧床研究"中，人类如果暴饮暴食，整天躺着，且很少运动，就很有可能会患上 2 型糖尿病、肥胖症、心脏病，甚至会死亡。但是，熊在冬眠期间同样如此，却没有任何健康风险，这是为什么？

在某些方面，熊是不折不扣的异类。它们在冬眠期间处于麻痹状态，通常保持着略低于正常状态的体温，其心跳速度慢至每分钟 5 次。在冬眠期间，它们基本上不吃东西，不排尿，也不排便。它们长时间保持着几乎不动的状态，但骨密度和肌肉却依然处于正常状态。一些熊甚至在冬眠期间生育和产奶。可以说，熊几乎是完美的自体废物回收者，但这种情况如果发生在人类身上，通常会导致败血症、中毒、死亡。熊在冬眠时能保持稳定的血糖水平，从而降低对胰岛素的敏感性。

2019 年，华盛顿州立大学的乔安娜·凯利（Joanna Kelly）开展了一项开创性研究，揭示出熊在冬眠期间惊人的基因表达变化。他们使用与 NASA 双胞胎研究相同的 Illumina RNA 测序技术，在熊吃下大量食物以脂肪形式储存能量时对其进行检查，然后在冬眠期间再次进行同样的检查。他们发现，熊的整个身体组织在冬眠期间发生了动态基因表达变化。尽管熊的入睡速度很快，但它们的脂肪组织却并不安静，新陈代谢十分活跃。在冬眠期间，熊的体内的 1000 多个基因发生了变化。这些"冬眠基因"是人类的首要关注目标。

在世代飞船上，我们还可以利用休眠的生物机制，从而推迟自身的发育，以便在不利的环境下（如极端温度、干旱、食物匮乏）生存。许多蛾类物种，如印度谷螟，可以根据环境在不同的发育阶段休眠。如果在没有食物可吃的恶劣环境中生存，也许等待更好的时机，从休眠中醒来的方式更为靠谱。

滞育期实际上并非罕见。目前，人们已经在 100 多种哺乳动物中观察到了胚胎停滞现象。甚至在受精后，一些哺乳动物的囊胚（早期胚胎）依然可以进行等待，而不是立即植入子宫。这有点像攀岩过程中遭遇风暴等恶劣天气，攀岩者会选择暂停，然后检查可行的所有路线，直至风暴过去。在休眠期，尽管胚胎没有附着在子宫壁上，但胚胎可以等待更好的时机，如等待食物变得更加充足。在这种情况下，怀孕的雌性物种就可以在一个可控的妊娠期保持怀孕状态，以等待环境得到改善。21 世纪，人类还没有可靠的冬眠方式和休眠技术。不过，到了 2251 年，可能技术就更加成熟了。如果计划顺利，接下来我们会前往土卫六，不过这次可能是单程旅行了。

失重、辐射和任务压力会对宇航员的肌肉、关节、骨骼、免疫系统和眼睛产生极大影响。这种任务的生理和心理风险尤其令人担忧，因为大多数模型都是基于相对较短的旅程而建构的，并且极大程度上受到地球磁层的保护。迄今，最深入的研究基于的是凯利的 340 天太空旅行。

利用人工重力，如旋转平台产生约 1 克的向心力，可以在很大程度上解决这一问题。不过，还有一个主要的挑战，那就是辐射。人类尝试过许多方法，以减轻辐射对人体带来的伤害，比如，在飞船周围设置保护罩（类似于避免空间碎片碰撞的那种屏障），预先服用抗辐射药物，定时监测 cfDNA 频率，以尽早发现可干预的突变，或对宇航员实施细胞和基因工程（如 Dsup 和 TP5）。可见，要想在太阳系外的长期任务中抵御辐射，我们可以利用飞船、药物、细胞，甚至 DNA 来实现。

然而，即使解决了辐射问题，孤独感及长期与同一批人相处产生的心理和认知压力，也是需要解决的问题。想象一下，你没有其他选择，只能一直待在同一栋楼里，与同事、家人一起工作和生活一辈子，将会产生多大的心理压力。虽然我们可以仔细筛选第一代宇航员，让那些心理状态良好的宇航员来执行长期世代飞船行动，但他们的后代可能没有那么好的适应能力。

地球上的模拟任务表明，在与外界隔绝 500 天后，在小范围内，人与人之间的关系十分紧张，甚至产生了冲突和对立。许多小说和非虚构作品都出现过关于"太空疯狂"的描述，但这种群体模型和风险之间的联系十分有限。我们根本无法预测同一个人及其后代在十年或一百年后，会有怎样的表现，更遑论几千年后的表现了。届时，可能会出现派别之争、叛乱，甚至武装冲突。我们只能在心里默默祈祷，希望那些肩负使命的人能够保持理智。在人类历史上，纷争无数，但也不乏合作、共生等正面例子（如南极洲的工作站）。

选择我们的新家

在发射史上第一艘世代飞船之前，我们需要解决上述问题，获取第一批定居者的更多信息。我们有一个捷径，尽快向潜在的另一个太阳系发送探测器，以确保飞船发射前拥有足够的所需信息。基于这个想法，尤里·米尔纳（Yuri Milner）、斯蒂芬·霍金（Stephen Hawking）和马克·扎克伯格（Mark Zuckerberg）提出开展"突破摄星"项目，凯文·帕金（Kevin Parkin）在 2018 年详细介绍了其中的原理。假设有一支由极轻航天器组成的舰队，携带微型摄像机、导航设备、通信设备、导航工具（推进器）和电源，它们可以通过激光加速，传送到很远的地方。假设每个微型航天器都有一个可被激光器瞄准的光帆，就可以通过加速光帆来缩短运输时间。基于此，我们可以在 25 年内到达半人马座 b（只有 4.3 光年的距离），并传送回数据，数据再经过 25 年回到地球。这样我们就可以获得更多信息，并判断该地是否宜居。这个计划归功于菲利普·卢宾（Philip Lubin），他在《星际飞行路线图》（*A Roadmap to Interstellar Flight*）中构想了一个数千米长的可调激光器阵列，它能够将 100 千兆瓦的功率汇聚于光帆，推动探测器到达星体。

在理想情况下，我们可以探索目标星球，类似于 21 世纪的火星任务。如果光帆管用，那么就可以用其把微生物和传感器送到其他星球。但是，依旧存在很多问题，比如，如何在旅行中保持安全，减速，在新星球上着陆。还好，这个航行计划在地球上已知嗜极生物可承受的范围内，嗜极生物可以在极端温度、辐射和压力下轻松生存。我们在第四章介绍过水熊，届时，其会在真空中存活，并且能够前往另一个星球。当然，我们也可让其他生物体与之同行。这样一个在其他星球运送地球微生物的"创世探测器"的构想，在 2016 年首次由克劳迪乌斯·格罗斯（Claudius Gros）提出，显然，它违背了目前的行星保护原则，但也可能是在其他星球着陆的最佳手段。在理想情况下，只有在机器人探测器对某个星球完成分析之后，我们才会采取这样的措施，以减少对该星球可能存在的生命造成的伤害。

世代飞船伦理学

以上有关生物学、心理等问题，基于世代飞船上的一个关键前提：乘客被困在了飞船上。于是，新的挑战产生了：伦理问题。将一群人置于一艘飞船上，并期望他们在飞船上繁衍更多后代，这样做的伦理依据是什么？他们不得不生活在这样的认知中：他们生活的飞船，是他们唯一能够了解的世界。在世代飞船上，我们要建立关于社会、经济和文化的基础设施，还需要有娱乐活动，如备有地球上所有艺术的数据库。还有，要建造虚拟现实模拟器，类似《星际迷航》虚构宇宙中被称为全像甲板（Holodeck）的东西，这样的感官体验室不再仅仅存在于科幻之中。21 世纪，用于娱乐项目的全人体防护服、增强现实相机和沉浸式体验系统均已出现，它们对世代飞船的宇航员来说必不可少。

要想长久居住在世代飞船上，宇航员不仅需要丰富的个体体验，还要有团体活动、游戏和互动。他们可以组成团队在虚拟环境中展开竞赛，这比传统体育活动所需的基础设施少得多。电子游戏不仅是娱乐性活动，还是社会的技术黏合剂。截至 2020 年年底，电子游戏行业的销售额达到 1000 亿美元，比音乐（160 亿美元）和电影（500 亿美元）行业的总和还要大。

人类需要游戏。纵观人类历史，从罗马时代到 20 世纪后半叶，成千上万的人涌进体育场观看比赛。到了 21 世纪，数以万计的人聚集在同一地点，看一个老练的游戏玩家进行虚拟竞赛。例如，2019 年《堡垒之夜》世界杯的最高奖金为 300 万美元，比温布尔登网球锦标赛（298 万美元）、印第安纳波利斯 500 英里大奖赛（253 万美元）等的奖金还要高。在 24 世纪，可以娱乐大众的虚拟世界会被人们称为现实。在飞船上，乘客可以闻到花香，感受一下正午太阳的紫外线炙烤和酷热。

反对发射世代飞船的批评者认为，即使存在无限游戏，如果一个船员穷其一生都无法完成一项星际任务，那么这项任务根本就不该被启动。由于推进技术、飞船设计和火箭技术，以及基因组和生物工程仍在不断完善，我们目前最好还是安心等待。如果我们在2500 年向半人马座 b 发射世代飞船，它将有可能被另一个在 3000年发射的具备更先进推力的航天器超过。

罗伯特·福沃德（Robert Forward）在 1996 年首次提出了"不断过时的假设"，这是一个相当引人注目的思想实验。事情似乎总在变得更好，技术在每个时代都得到了新的发展。那么，我们怎么确定什么时候是正确的时机呢？毕竟，预测未来是十分困难的。

围绕"对未来的航天器不公平"的担忧，都会被生存伦理和实用性所推翻。好的选择并非完美的选择。我们可以发送两艘飞船，第一艘在 2500 年发射，第二艘在 3000 年发射，而不仅仅把希望寄托在一艘飞船上。如果新飞船赶上了旧飞船，它们或许能够相互协助。此外，这种对于技术过时的担忧，忽略了等待太久的关键风险。我们尽力避免物种灭绝，然而，在 500 年后，所有生命可能都会灭绝。

即使有了丰富的娱乐方式，以及随时可能出现的新的世代飞船，宇航员会不会望着窗外的永夜星空，回想蓝色星球？或者，他们会不会为自己是被选中的人而高兴？他们拥有非凡的探索机会，更何况是去新的星球建立一个新的世界。然而，现实是残酷的，这艘飞船将是他们的全部世界。甚至，对于大多数人来说，这艘飞船将是他们见过的唯一的世界。

所有人类都只停留在自己所处的环境中，仰望星空，思考着一个又一个"如果"。地球很大，物种多样，但其资源是有限的。截至 21 世纪末，人类只能在地球出生、成长、死亡，没有人能在其他星球定居。有几百名宇航员暂时离开了地球，但他们最终不得不返回地球。我们现在的生活，就像被困在一艘船上。世代飞船只是地球的缩小版，如果我们的计划足够周密，世代飞船也许能够到达一个比地球更好的星球。

光速下的生物学

世代飞船的任务将受到资源的限制，尤其是那些无法在太空中获取的资源。食品生产、材料开发、药物治疗和废物回收等都受到限制。后续，获取这些资源的方法将进一步扩展，以便生物技术能够与既定的非生物过程相适应，从而找到可持续的定居星球。

通过持续的技术发展，人类将以地球的有限资源为基础，研究利用其他星球的资源的方法。第一步从火星开始，要想在火星持续生活，就需要利用当地资源（ISRU）。这最大限度地减少了对星球的持续依赖，实现了自给自足，有利于深入探索并保证任务的灵活性。

IRSU 的一个核心部分是对地球生物学的利用。将基因组和细胞编辑技术与嗜极生物的先天优势、遗传优势相结合，可使生命在火星蓬勃发展。地球生物（包括人类）代表了数十亿年将原材料转化为复杂化合物的过程，它们还能实现自我复制，从而在不同的环境下长久存活，并传播基因信息（作为 DNA 或 RNA）。

随着 DNA 合成技术的不断改进，其成本将变得更加低廉，未来可能会应用在太空甚至其他星球上。通过在生物生产中使用这些技术，生物体可能以光速发展。

想象一下，在火星上有一个定居点，组织损伤在那里是一个难题。人类在地球上制造了一种新的微生物基因，有助于修复组织。这种新产品的基因序列数据，仅需几分钟就能够从地球传输到火星

（具体时间取决于轨道距离）。然后，当这种基因序列数据被打印出来之后，生物体就可以在火星上自如生活，并制造生存所需的物质。同样，如果在土卫六或火星上发现了一个新的物种，假设其是由与人类相似的 DNA 构成的，那么它就可以被测序、分析，并以数据形式送回地球，以便在一个资源相对不受限的环境中进行研究。其他星球的研究人员通过快速掌握新技术来提高他们的适应能力。

这种点对点生物学的构想将彻底改变我们对生命信息在星际间传递方式的思考。这种信息传输和人类发展中待解决的状态，好似一个技术熔炉，不断驱动解决方案的优化，不仅可以帮助未来居住在火星上的人类，还可以提供反馈，用来解决地球上那些极具挑战性的问题。火星协会成员、NASA 等机构正在讨论这些内容。

2018 年，香农·南格尔（Shannon Nangle）和米哈伊尔·沃尔夫森（Mikhail Wolfson）组织了名为 Viriditas 的会议，以整合来自工业界、学术界和政府领导人的专业知识。他们希望人类能尽快到达火星，并建立基地。为此，我们做出了一个相应的计划，以实现罗宾逊书中的"绿色火星"愿景。这个计划包括明确的关于火星、土卫六的目标，主要涉及本地生物能力、生物生产和生物回收。

生物生产是指获取和制造复杂分子产品的能力。几千年来，其应用范围覆盖了面包、抗生素、啤酒、重组胰岛素、CAR-T 细胞和新型生物材料，如合成蜘蛛丝。19 世纪以来，生物回收一直被用于城市垃圾系统，利用细胞代谢将有害或仍有利用价值的副产品转化为更安全、更有用的物质。大多数人不会关心这件事，他们的粪便、尿液都被处理得相当好。国际空间站的回收效率很高——收集到的液体大约 93% 都可以被回收，包括尿液、冷凝水和宇航员的汗水。回收过程需要 8 天，最终产生的水比地球上大多数人喝的水都要纯净。此外，无论其来源如何，每一滴水都可以被回收。当凯利被问及他在国际空间站是否"喝了自己的尿"时，他笑着回答："不只喝了我自己的尿。"

在理想情况下，用于废物回收的工程系统将被部署在栖息地内，不会构成严重的污染风险。我们应将生物技术的早期应用作为备选，随着研究的深入，这将成为可再生资源和合成物质的主要依据。

遥远的食物

在其他星球上，生物技术最直接和最重要的用途之一是生产食品，所有长期任务都将依赖于此。在小说中，宇航员的进食方式往往是喝"粥"，包括生存所需的所有基本氨基酸和营养物质。据描述，这种粥吃进去之前的样子、味道和气味和被排出时的差不多。21世纪，宇航员的食物口味十分多样，但究其本质，还是为了提高效率。未来，在耗时更长、距离更远的任务中，宇航员的饮食应该具备多样性、适口性、营养高等特点，以增进其心理幸福感。植物和花香也有助于让宇航员感到幸福。

飞船上的空间有限，可以说是寸土寸金。园艺师通过在架子上或小型容器中培育小型植物来解决问题。空间的不足，可以由生产率的提高来弥补。可以全年运作的室内花园，其光照、湿度和温度得到了优化，拥有比标准农场更高的生产率。每次收获之间的时间间隔越短，可产生的食物就越多。这些经验可以直接应用于世代飞船和新星球的农作物种植之中。

有关优化植物的构想已经出现在论文中，作者是冷泉港实验室的扎卡里·李普曼（Zachary Lippman）和约翰斯·霍普金斯大学的迈克尔·沙茨（Michael Schatz）。2019年，李普曼和他的团队通过调整开花时间、茎长的三个基因，Self-runing（SP）、SP5G 和 SIER，培育出新品种番茄，产量更高，收获间隔缩短。经过 CRISPR 编辑，植物的生长速度更快，能够提前开花结果。这些突变使植株的茎更短，整体变得更为紧凑，看起来不像正常的番茄，而是更像一束花。它们完全能够成为完美的情人节礼物：营养鲜花。

除了李普曼通过基因编辑优化植物的方式，我们还可以借助工程微生物和植物有机体实现这一点。21 世纪，风味、质地和非动物性食品的发酵生产技术，已被广泛采用，能够大大优化食品的味道。不过，要想在其他星球成功应用这些新技术，需要为目标星球联合开发生物及其发酵剂。举个例子，火星上的食物制备要求微生物使用二氧化碳和甲醇作为其唯一的碳源，并且必须能够抵抗更强的辐射及其他污染物。这种针对行星的设计标准将会扩展到大多数等待部署的技术，正如重新设计"毅力号"的轮子那样，以更好对付火星上的颗粒状沙子。

甲醇的异养发酵，以及二氧化碳的矿物质自养发酵，都可以用来补充飞船上乘客的食物。发酵可以在搅拌罐中进行，用工程生物体来生产复杂的碳水化合物和蛋白质。一些甲基营养生物体，如嗜甲烷菌和毕赤酵母，已经进行了基因特征分析和工业优化，可用于大规模生产。此外，正如卡尔—温纳克研究所延斯·施拉德（Jens Schrader）所展示的那样，在大肠杆菌中加入甲基营养素基因，可优化风味、质地，提高营养物质的产出率。在加入甲基营养素基因后，生物反应容器的效率得到了大幅提高，一个 50 立方米的反应器能够生产相当于大约 152 亩大豆所含的蛋白质，只需要几天就能收获。人们还可以设计出石自养菌，将氢气氧化，与二氧化碳结合在一起，产生低聚糖、蛋白质和脂肪酸以供消耗。

这里有几个发达的陆地藻类工业化的例子，如用于食品、商业藻类生物燃料的节螺藻。然而，在地球上，建造反应器和提供高浓度的二氧化碳的成本很高，困难重重。由于火星大气富含二氧化碳，困难就能得到解决。在高效的光技术（类似于之前讨论的量子点技术）和细胞工程的结合中，将会生产光自养生物，而它们将被用来合成富含碳水化合物、脂肪酸和蛋白质的食物。

生产食品的最终目标是，直接在行星上种植植物，制作原材料，在理想情况下，无须加工就可实现。受控环境中产生的光自养生物和水培植物，在生长之后就可以基于土壤，去栽培营养丰富的陆地植物，如大豆、土豆和花生。在火星，较低的太阳辐射、沙尘暴、不同于地球的无机营养成分及潜在的土壤毒物，都需要经过基因工程的改造，以便让植物正常生长。工程微生物可以最大限度地减少毒物，富集特定的营养物质，分解废物，进行施肥，为植物的生长提供良好条件。这将是使居住于火星上的人类能够独立生存的关键，也将为土卫六和世代飞船计划提供帮助。此外，一旦拥有了设计原型人类的能力，这些得到"升级"的宇航就员可以被部署出去，以减少对生产的食物的养分需求。

原材料

在新星球修建基础设施需要各种物质，这些物质最初来自地球，但最终需要在新星球上合成。在理想情况下，大多数物质将来自新世界高度富余的东西，如火星上的二氧化碳，土卫六上的甲烷、氮气。此外，岩浆可用作建筑，在地下住宅、实验室、合成室、运输方面也有重要作用。

塑料很可能是星际任务中的重要物质，它的用途非常广泛。塑料可以通过既定的工业流程产生，如乙烯、聚乙烯、甲醇、烯烃，以及透明的聚甲基丙烯酸甲酯。

国际空间站的半自动塑料回收器（由名为 Made In Space 的公司创建）可以回收塑料，其能直接把塑料输入 3D 打印机，这将成为未来任务的重要可回收原材料。值得注意的是，火星上的塑料可以很容易地从当地的二氧化碳中生产出来，回收塑料也很容易。

在地球上，与石油化工、动物养殖相比，采用微生物生产的物质在很大程度上受限于低生产力和高成本。但在世代飞船、火星上，我们没有其他选择。由于缺乏石油等能源，我们必须使用生物材料进行生产。最终，在其他星球制造新的产品，如"火星丝绸"为新栖居地的经济发展做出贡献。随后，它将被运回地球。

麻省理工学院媒体实验室的内里·奥克斯曼（Neri Oxman）博士进行了一些创造性的研究。她制作了自然产物 Aguahoja，这是一个蜿蜒的茧状结构，看起来像个蜂房，由地球上最丰富的生物分子组成，包括纤维素、壳聚糖、果胶、树枝、树桩、珊瑚礁和骨骼。她表明，这些生物材料可以由机器人打印出来，聚集在一起，通过水来塑型，然后形成大规模的稳定结构。这些工程化的、再生的生物材料可以用于建筑施工，也可以用于艺术设计。事实上，她的一些艺术作品看起来像火星上的东西。

随着对生产量和效率的需求逐渐增加，我们必须建造大量的制造业基础设施，如大规模矿石开采厂、冶炼厂、铸造厂等，这些基础设施将更加依赖新星球的资源。这一阶段，技术的发展将为自力更生的星球提供能量，大大降低人类和元物种灭绝的概率。如果我们能够在已知太阳系的其他行星和卫星上实现这种自力更生的技术，将大大缩短我们与发射世代飞船计划之间的差距。

医疗和药物

任何长期任务都需要详细规划必备的药物，以对抗太空中的风险，减少事故，让宇航员保持身体健康。在更加遥远的任务中，甚至只是去火星，紧急返回或从地球补给都是不可能实现的。因此，我们需要一个长期的医疗自给自足计划，而 IRSU 也这方面发挥着重要作用。

太空中的药品很常见。根据亚利桑那州梅奥诊所航空医学和前庭研究实验室的丽贝卡·布鲁（Rebecca Blue）的分析，在国际空间站的前 20 次考察中，每个宇航员平均服用了 12.6 种药物。在第 21 次到第 40 次探险期间，每个宇航员平均服用 23.1 种药物。这些药物种类多样，包括用于精神刺激、睡眠、皮疹、头痛和充血的药物。

然而，NASA 的调查数据显示，宇航员们报告称，这些药物在高达 40% 的时间里只起到了轻微的效果，甚至根本没有效果，治疗皮疹、过敏和鼻塞的药物在太空中效果也并不明显。这表明，在飞行中，身体吸收药物的方式受到很大干扰，可能是由于身体内的水分减少，淋巴的位置变化，以及肾脏排泄方面的改变。这种干扰会给最初执行火星任务的宇航员带来麻烦，不过，我们可以通过改进飞船与人工重力来解决问题。宇航员执行的任务越多，他们受到的监测就越多，因此，我们可以重新设计治疗方法，对宇航员进行基因工程改造，对飞船和环境进行工程设计等，从而解决这些问题。

对于早期任务和世代飞船的规划来说，治疗宇航员的全部药物可能被算作机载货物，并设有大量的辐射屏蔽以防止其降解。然而，对于较长时间的任务来说，仅仅保护从地球上带去的药物是不够的，根据美国食品和药物管理局的研究，国际空间站上 87% 的药物只有 24 个月或更短的保质期。其中，包括通过自动化生物生产的药物，如胰岛素、阿片类药物和一部分抗生素。

此外，大量辐射保护疗法的需求也将涌现，从而保证人类在太空中能正常生活。根据 NASA 预测，仅一个为期 30 个月的火星任务的辐射量，就可能达到或超过宇航员终身能承受的辐射极限（见第三章）。截至 21 世纪，非格司汀（Filgrastim）[*译者注：非格司汀是一种粒细胞集落刺激因子（G-CSF）类似物，用于刺激粒细胞的增殖和分化,它是一种天然存在的 G-CSF 药物类似物]等主要应用于治疗急性辐射综合症的全身症状。目前，许多天然产品得到广泛研究，研究人员主要监测其预防辐射、诱导细胞修复的效果。为了应对在太空中生物生产疗法等挑战，我们可以使用遗传和表观遗传工程来减少辐射带来的伤害，如 DNA 损伤反应途径的短暂激活，其他物种（如 Dsup）基因的永久纳入。

最后，随着火星、世代飞船任务可用的生物生产疗法和各种基础设施的成熟，IRSU 生产的生物制剂将成为常用治疗剂的主要来源。利用成熟的药品生产方式，我们能够在有需要时从微生物库紧急生产特定的药物。我们可以用点对点的生物学方法将新的药物发射到其他星球，利用 DNA 诊断和测序技术可以识别致病物种，提前干预疾病，并对 DNA 碱基进行修饰，正如我的实验室在 2015 年的"呕吐彗星"，以及 2016 年 NASA 生物分子测序仪任务中所展示的那样。我们还有可能在火星上研发化学和生物检测的新方法（包括基于测序的方法），同时，这些方法可以推动地球上的技术进步。

废物回收处理

在地球上，我们主要用厌氧菌降解和处理废水、污水，同时能够生产沼气和肥料。在新星球，废物回收将是"生命支持环"闭环的组成部分。废物回收将会把基本元素（如氮、磷和硫）转化为生物可利用的形式，否则提取这些元素将变得十分困难，以至于不可能实现。目前 NASA 将身体产生的有机废物、呼吸道废物和材料无机废物的处理能力列为核心"能力差距"，这些问题都可通过改进生物技术来解决。在太空中，任何人的垃圾（包括身体废物）都是一种财富。

起初，生物回收将侧重于处理尿液、汗液和冷凝水，就像在国际空间站上所做的那样。尿液是最好的输入物之一，它含有人类所需的高浓度营养物质和简单的化学成分，甚至比固体废物更均匀。从人类在新月沃土定居以来，未经加工的尿液一直被用作农业肥料，而将尿液作为微生物原料进行生物回收也显示出了广阔前景。例如，在尿液、标准培养基中生长的营养物质，与钝顶螺旋藻（A.platensis）（*译者注：钝顶节螺藻是一种丝状的、革兰氏阴性的蓝细菌。该细菌是不固氮的自养生物。它被隔离在程海湖、中国、东非和亚热带碱性湖泊的碱湖）所产生的高度相似。然而，要将这一构想付诸实践，还需要进一步的工程设计，以解决次级代谢物对培养物生长的抑制问题，要根据任务专属饮食中宇航员的尿液成分调整微生物的代谢。此外，还需根据其他任务或目标星球的限制性因素进行不断改进。

一旦生物回收技术取得发展，回收系统便可以处理固体有机废物了。由于人类粪便、食物和植物废物的杂质更多，这一任务更具挑战性。然而，在像火星这样的新定居点，细菌的稳定性未知。一般来说，冷库会导致细菌的活跃度降低。无论如何，宇航员的粪便可能会像在地球上那样，构成安全和污染的风险，因此，我们需要更加谨慎地加以处理。在国际空间站，宇航员的粪便大多只是被封存起来，然后送至大气中燃烧。我们在地球上看到的"流星"，可能只是宇航员产生的"粪便流星"。

最终，工程微生物将被用于提高火星上现有回收系统的效率和能力。要想利用更复杂的材料废物流，如有机废物、包装和化学品，我们可以从以定制和按需组合的空间链接微生物群落（SLMC）进行的生物体代谢工程中获得启发。空间链接微生物群落将生物体分离为单个物种或小型群落，优化生物反应器，允许介质在不同生物反应器中流动，使每个生物体及群落保持最佳反应状态，其中的代谢产物能够从一个生物反应容器转移到另一个生物反应容器。

同时，代谢工程技术能够优化生物体的生物降解和生物合成的方式，减少单一工程生物体的代谢负荷。通过融合遗传工程和空间链接微生物群落，我们可以开发定制的微生物群落，按需进行生物回收，以及从变化的废物流中生产材料。另外，正如前文所讨论的那样，我们仍在不断发现各种来源的生物合成基因簇（BGCs）

未来，可能会产生全新的生化过程和方法，以回收来自 ISRU 的废物。也许，未来火星和其他行星中出现的新的 BGCs 和功能更加令人兴奋。进化使地球拥有了许多独特的适应性，在以后的几十年里，意外的进化和定向的进化都可能产生大量的新的生命特征。目前，我们已经开始对其他行星、卫星，甚至新地球上的生命进行分类了。一旦发现新地球，并进行深入的分析，我们就可以打包行李，向着新的家园进军了。

THE NEXT 500 YEARS

Engineering Life To

Reach New Worlds

10

第八阶段：定居新地球
（2351—2400 年）

"以错误方式解决正确问题，好过以正确方式解决错误问题。"

——理查德·汉明

到 2351 年，由于生物技术和其他技术的进步，发射世代飞船成为一件有可能实现的事情。我们将拥有前所未有的能力，可以对地球、火星和世代飞船的第一批原型 ISRU 进行研究，对我们生存所需的飞船上的生物进行回收、再处理。我们的目标不再局限在某个星球，而是扩展到多个星球。仅在本书出版之时，就有数百个星球可供我们选择。到了 2400 年，我们希望找到最佳的候选星球（见附图 5），在尽可能多的星球周围发射卫星（见附图 6 和附图 7），而不是仅仅让卫星围绕地球运动。因此，现在就对我们所了解的，以及我们在 2400 年之前可憧憬的未来简单做一个总结。

驱动发现的双引擎：行星与基因

正如第三章所讨论的，随着许多基因组及其标注的完成，发现基因的速度也在不断加快。有记载以来，人们对家庭和双胞胎中性状的遗传性展开了持续研究。从 19 世纪 50 年代孟德尔的豌豆实验开始，人们一直在寻求绘制这些性状并将其与特定的基因或基因组联系起来的方式。遗传学主要研究复杂的生物分子重新排列、繁殖和创造新的变体，天文学主要研究复杂的分子和能量（从原子到星系）的相互作用。它们的不断诞生、死亡和再生，造就了我们所见的宇宙和它所包含的一切，其中也包括构成人类 DNA 的原子。

公元前 2000 年，巴比伦的天文学家就开始对宇宙进行观测了。此后，人们发现了地球以外的其他行星，如金星和火星。今天，视力良好的人可以在晚上看到天空中金星发出的光，而利用望远镜甚至可以在傍晚露水落在草叶上之时看见土星环。曾经，地球被认为是宇宙的中心（地心说），但最终人类意识到它只是围绕恒星的一颗行星（日心说）。随着时间的推移，我们能够更准确地描述宇宙系统了。如今，地球拥有八颗行星和很多矮行星，如冥王星、阋神星和远在柯伊伯带（*译者注：柯伊伯带，又称伦纳德—柯伊伯带，位于太阳系的海王星轨道外侧，处在黄道面附近的天体密集圆盘状区域。柯伊伯带类似小行星带，但范围大得多，它比小行星带宽 20 倍且重 20 至 200 倍）的鸟神星。但是在过去的几十年里，我们才开始了解到有多少物体围绕着太阳运动（如卫星、小行星）。仅仅在太阳系，就有 200 多颗卫星被定性。

人们期望宇宙中的其他恒星也在与它们自己的行星共舞，但一直没有明确的证据。1992 年，人们首次发现了太阳系外的行星（系外行星）。在这之后，人们发现了更多系外行星。更巧妙的是，20 世纪 90 年代初，技术不断进步，DNA 测序实现自动化，人们对整个基因组的分析变得更加容易。

有关人类和物种基因的新发现呈指数级增长，就像一个美好的并行事件，与我们自己的太阳系和银河系中无数太阳系中迅速被发现的天体相呼应，就像发育中的"知识子宫"中的双胞胎。这些科学发现对人类的生存是至关重要的。我们需要共同寻找、过滤和选择未来的家园，并确定在这些新家园上生存所需的生物基质和生化适应性。我们可以归纳可供选择的行星，找到最好的行星和最坏的行星。

系外行星地狱

想象一下，如果一个人逆向生长，随着时间的推移，这个人会变得越来越紧缩，最终变成一个小胚胎，这基本上就是行星在其行星盘内的诞生过程。通常而言，分散的物质会比单一的物质更容易观察到——对行星、行星盘来说也是如此。1984 年，人们在一颗遥远的恒星（Beta Pictoris）周围发现了第一个行星存在的证据，它是一个行星盘（*译者注：行星盘，即恒星系中所有转动的行星所在的平面。形成原理为，在恒星系中，所有行星的轨道都受该星系中质量最大的恒星的制约，而该恒星质量最大的横切面不断地影响周围行星，使得该星系所有行星最后都被拖拽到与该恒星质量最大的横切面所在的同一平面），智利的拉斯坎帕纳斯天文台确认了这一点。然而，地球上的观测站因大气波动和振动受阻。为了解决这些问题，NASA 在 1990 年发射了哈勃太空望远镜，让探测遥远的天体变得更加容易。

在发射哈勃太空望远镜的短短两年后，第一批系外行星被发现，包含一颗系外行星，以及两颗围绕着一颗吵闹、致命、不断闪烁的脉冲星（中子星的一种）的岩石行星。虽然以脉冲星作为太阳会导致类地球生命被毁灭，但这一发现证明了在太阳系之外可能存在其他世界。这意味着，天空中的任何一颗恒星上都可能有一个或多个世界（见附图 8）。此外，这些世界中的任何一个都可以拥有无尽的卫星。最后，这些世界中的任何一个，或者它们的卫星，都有可能存在生命。

我们的下一个目标是找到一颗围绕主序星运动的行星，主序星是一颗处于生命周期中间的恒星（就像太阳）。1995 年，天文学家迪迪埃·奎洛兹（Didier Queloz）和米歇尔·马约尔（Michel Mayor）发现了一颗系外行星。然而，这颗系外行星更像是一颗死亡的恒星，而不是地球或火星。它只有木星的一半那么大，其轨道基本在其恒星的表面，它可能不会存在生命。这类系外行星目前被称为"烤炉"，因为它们持续面对大量的热量和辐射，就像陷于篝火中心十亿年的棉花糖。

1999 年，一种被称为"凌日"的寻找系外行星的新方法经过测试，其有效性得到验证。当一颗行星在一颗恒星前面经过并投下阴影时，就会发生凌日现象。1999 年，大卫·夏博诺（David Charbonneau）（*译者注：哈佛大学天文学教授，主要研究新技术，侦测类太阳恒星附近的太阳系外行星）和格雷格·亨利（Greg Henry）带领的团队发现了一颗系外行星，它在飞马座的 HD 209458 号恒星前面经过。基于这次过境，天文学家不仅检测到了一颗行星，还了解到它所在的大气层的现象。当光线穿过大气层时，能量被行星薄薄的表面吸收和发射出来。这些光的光谱代表能量被吸收和发射，根据周期表的元素，包括水、氧、氮和碳元素。研究人员是怎样做到这一点的呢？

原子光谱搜星

为了更好地了解整个光谱，首先必须了解这些光谱是如何出现的。艾萨克·牛顿（Isaac Newton）被大多数人称为是光谱学（对光谱的研究）的创始人，在他关于使用棱镜的第一部作品（1704 年的著作《光学》）中，他非常详细地介绍了白光是如何由独立的元素组成的。这些独立的元素构成了大家在阳光穿过雨点时看到的彩虹。牛顿观察到，棱镜并没有生成新的颜色，也没有修改光线来改变颜色，棱镜似乎分离了以前被认为是"纯"白光的组成部分。于是，一个新想法诞生了。如果光谱是一种对光线内部存在的东西进行分类的方法，那会怎样？但是，通过一个简单的玻璃棱镜，人们只知道需要将光源分离，却无法得知太多的细节。

1821 年，一位名叫约瑟夫·冯·夫琅和费（Joseph von Fraunhofer）的年轻巴伐利亚人提出了一个想法，即用衍射光栅取代玻璃棱镜，作为光的色散源。这种光栅是由紧密排列的电线组成的平行光栅，类似于鸟类羽毛中细胞的紧密排列。我们可以从各种光源中（如天上的太阳或蜡烛）分离出分辨率更高的颜色。据说这种方法是夫琅和费将鸟的羽毛举到阳光下时偶然发现的，这是一个美丽而简单的实验，任何人都可以复制。在使用这个衍射光栅后，夫琅和费制作了一个量化的"波长标尺"，然后对太阳光持续进行观察，仔细记录了哪些色带是一直存在的。他注意到，有些波长的光始终是缺失的——暗色带，这些缺失的波长在当时是个谜。人们认为这是光的碎片化和不连续"块状"的证据。如今，人们把暗色带称为"夫琅和费线"，以纪念他的研究。

到 19 世纪中期，周期表中的每一种元素，甚至每一种分子，都可能有非常具体的发射光谱作为其对吸收光的核心反应。19 世纪60

年代，威廉和玛格丽特·哈金斯首次将光谱技术应用于恒星。他们认为，如果宇宙是由与地球上相同的原子组成的，那么同样的光谱就可以用来辨别我们所观察到的行星或恒星上存在的元素。这一假设被证明是正确的。他们率先拍摄到行星星云的光谱，并根据光谱区分星云和星系——被特别恰当地命名为猫眼星云，看起来像来自遥远星系的猫咪在眨眼。

这些观察结果激发了尼尔斯·玻尔和其他研究者 20 世纪初的研究，他们证实了光谱在特定的波长下是可预测的，这可以解决量子力学的一个问题：原子的量子态是如何存在的？玻尔的大部分研究集中在氢原子上，这是宇宙中最丰富的原子之一，结构也是最简单的（一个质子和一个电子）。他提出，来自纯氢的光可能源自原子在一个非常特定的频率下吸收的能量，然后在一个特定的波长下发射——这解释了"夫琅和费线"的暗色带。

玻尔的推断是正确的。当原子吸收能量时，它们的电子会跃迁到一个较高的轨道平面，当它们下降到一个较低的原子轨道时，就会发出光。在下降过程中，能量被释放出来（通常以光子的形式，根据方程式 $E=h\upsilon$）。这些发射光谱在地球上的所有实验室测试中都一致，所以人们假设，从另一个星系中的行星或恒星观察到的光谱可以揭示现存的化学元素。依靠这些光谱，我们能够从实验室中的样品或遥远恒星过境前行星的表面得到元素的分布图。利用凌日方法，我们可以捕捉到某颗系外行星的发射光谱，它直接从其恒星和观察者之间经过，就像夫琅和费把一根羽毛举到太阳下一样，这一壮举证实了牛顿 350 多年前的猜想。据此，一个围绕地球运转的仪器依靠来自另一颗行星的可见发射光谱，就能辨别其上存在的元素。

炼狱行星

在明确了光谱图和凌日方法的作用之后，新的发现随之而来。2001 年，人们利用哈勃光谱仪，观测到了原来的系外行星 HD 209458 b 的大气层，这是太阳系外存在大气层的一个直接证据。2005 年，人们利用斯皮策太空望远镜的红外线波长同时观测到两颗系外行星。2007 年，利用斯皮策太空望远镜，人们能够识别较大分子的信息了，而不仅仅是识别单个原子的信息。此外，天文学家夏博诺和希瑟·克努森（Heather Knutson）利用斯皮策太空望远镜，生成了第一份包括云层温度在内的系外行星天气报告。虽然我们不清楚外星世界是否适合度假，但我们知道去该星球应该带哪些衣服。但是，人们极其渴望亲眼看到行星。2008 年，第一张系外行星的图像被拍摄下来。人们利用哈勃望远镜发现了 Fomalhaut b 这颗系外行星，它处于相对较近的 25 光年之外。然而，这颗行星非常重，它的体积大约是木星的三倍。

利用凌日方法，我们取得了前所未有的成功，是时候去寻找更多的系外行星了。2009 年，开普勒探测器成功发射。当凌日行星移到其母星前时，开普勒探测器就能进行捕捉，整个过程并不长。

2011 年，利用开普勒探测器，研究人员发现了第一颗岩质系外行星，这是目前发现的最小的行星，差不多就是一块质量约为地球 4.5 倍的大铁块。这颗行星离太阳非常近，甚至比水星离太阳的距离还要近。然而，它是一颗炙热的行星，无法为我们探知新的生命形式提供帮助。

天堂般的宜居星球

随着技术的不断发展，以及开普勒探测器不眠不休地窥测着宇宙，我们终于有了新的发现。2014 年，我们发现了一颗类地系外行星开普勒-186f，它在宜居区（又称金发姑娘带）运转。就像经典童话《金发女孩和三只熊》那样，一个孩子在遍历滚烫和冰冻的粥之后，最后找到了温度刚好可以喝的粥，而人类也一直在寻找适宜居住的系外行星。宜居区的行星是指根据与其恒星的距离和恒星本身的信息（如温度），拥有类似地球环境（拥有潜在液态水）的恒星周围的宜居区。

开普勒-186f 比地球略大，就像一块岩石，处在宜居区，因此可能存在液态水。尽管开普勒-186f 在 500 光年之外，但未来，人类有望在其上定居——人们认为它是一个新地球。2015 年，人们发现了第二个更大的新地球，开普勒-452b。这颗行星的大小是地球的 1.6 倍，围绕其恒星的轨道为 385 天，它也处于宜居区。

2016 年，利用开普勒探测器，人们发现了约 1200 颗系外行星，其中约 40% 的行星成分与我们的地球相似。其中，也有很多处于宜居区的行星。TRAPPIST-1 行星系统距离我们只有 40 光年，其包含 7 颗地球大小的行星，其中，许多行星可能存在液态水，TRAPPIST-1 包含着人类疯狂的乌托邦幻想。还有一颗宜居区系外行星，其处于离我们最近的比邻星附近。这颗行星离我们只有 4.2 光年，我们可以发射探测器来研究这颗行星。未来，我们或许可以在这颗行星上定居。在这颗行星上，我们不仅可以用手捧起液态水，还可以安全地站在地面上。宇宙仿佛突然变小了。

基于种种新发现，2018 年，NASA 发射了凌日系外行星调查卫星 TESS，以进一步探索系外行星，找到型岩大小的小行星、体积巨大的大行星。如果一切按计划进行，TESS 预计将在其执行任务期间发现约 20000 颗系外行星，包括多达 17000 颗大过海王星的行星，以及约 500 颗地球大小的行星。有朝一日，人类可能会到访这些行星（如度假）。在喷气推进实验室中，有一个正在运转的数字计数器，显示了人们总共发现了多少颗行星，以及有多少颗行星处在宜居区。21 世纪，位于加州理工学院的系外行星档案馆表示，系外行星的总数超过 4200 颗，其中 360 多颗处在宜居区。但这引出了新的问题：宇宙中总共有多少颗行星？它们之上是否存在生命？

德雷克、费米和大过滤理论

1961 年，弗兰克·德雷克提出了"宇宙文明方程式"，现在被人们称为德雷克方程（$N=R_*×F_p×N_e×F_l×F_i×F_c×L$）。这个方程估算了宇宙中能够与人类进行交流的文明数量，指出如果某个行星上存在生命，则这颗行星上可能拥有与人类相同的技术，因此，我们能够听到这颗行星上生物的声音。

在这个方程中，N 代表银河系内可能与人类通信的文明数量，R_* 代表银河系形成恒星的平均速率，F_p 代表这些恒星有行星系或者可能形成行星系的比例，N_e 代表每个恒星系统中拥有宜居环境的类地行星数量，F_l 代表生命存在的类地行星比率，F_i 代表演化出高智生物的概率，F_c 代表高智生物能够进行通信的概率，L 代表科技文明的寿命。

这个方程在第一颗系外行星被发现之前就被提出了，因此用这个方程得出的早期数据只是一种推测。然而，21 世纪初随着对德雷克方程的完善，一些科学家指出，宇宙中的某处必定存在生命。目前估计，每年有 1.5 ~ 3 颗恒星形成，每颗恒星至少有一颗行星，而这些行星中可能存在生命——要么在宜居区，要么拥有存在生命的特征。从这些数字来看，假设存在生命的行星数量为 1/10000，拥有高智生物的行星数量为 1/1000000，其中应有大约 5%的高智生物能够与我们进行交流，且至少存活了 10 亿年，那么到现在，我们应该听到了 390 万个高智生物的声音。

然而，这些高智生物在哪儿呢？恩利克·费米在 1950 年指出，这个问题其实是一个悖论。如果存在高智生物的概率真的那么高，那么为什么我们找不到用以证明的证据呢？这可能是因为诸如人类这样的高智生物极其罕见，其他高智文明由于战争或资源有限而寿命短暂，或者它们处于我们目前无法观测到的其他维度。另外，这些数字可能过于乐观了。我们只需将这些数字中的几个数字调整为更保守的数字（以 10 倍或 1000 倍减少），就可以很容易地发现，其他行星上存在能与我们通信的外星人的可能性只有 0.000001%。

西格方程、生物标记和光谱探测

为了解决这个问题，人们对德雷克方程进行了完善，以便更好地探寻其他生命。2013 年，麻省理工学院行星物理学家莎拉·西格博士对此进行了更新，她绘制了一个并行方程，可以用来与原来的德雷克方程配合推导。利用西格方程（ $N = N^* \times F_q \times F_{hz} \times F_o \times F_l \times F_s$ ），人们能够用探测生物标记气体的方法来估算具有生命迹象（可被探测到）的地外行星数量。

其中，N^*代表正在探测中的恒星数量，F_q代表探测中那些适合发现行星的恒星比例，F_{hz} 代表存在宜居区中的类地行星的恒星比例，F_o 代表技术层面上可以被观测的行星比例，F_l 代表具有生命的行星比例，F_s 代表在光谱上具有生物标记气体的行星比例。有了这个新的方程，人们就能通过探测生物标记气体的方法来探寻可能存在的其他生命了。

西格方程中的一些术语来自德雷克方程，同时还包含一些新的术语，如生物标记气体和恒星的安静程度，这决定了该行星系统的辐射水平。活跃恒星的紫外线辐射较强，导致大多数已知的生物标记气体消散，因此人们很难发现其他行星中的新生命。从 2013 年到现在，总共有两颗行星符合预期（包括地球）。随着越来越多的行星被发现，这些数字的准确性增加，测量的可靠性也增加了。然而，由于我们对系外行星的了解大多来自所观察到的银河系中渺小的一片区域，因此在 21 世纪初，我们很难完全准确地计算出具有生命迹象的地外行星数量。

利用 TESS 和詹姆斯·韦伯太空望远镜（JWST），我们将会发现更多的系外行星，其中的许多系外行星会处在宜居区内，有一些可能会成为我们的新地球。另外，具有生物标记气体的行星数量可能会增加。如果一个外星人正在看向地球，氧气将是持续产生的一种明确的化学或生物过程的提示性标志。这是因为，在原始状态下，氧气在宇宙中是相当罕见的。由于氧气拥有很高的负电位（从其他原子中"偷"走电子的化学倾向），它在大多数环境中都不会存在很长时间。地球上的氧气含量大，约为21%，一个星球要想产生大量的氧气，必须依赖一些可持续进行的化学或生物过程。

此外，特定大气的存在并不是最关键的，最关键的是其数量和模式。在地球上，二氧化碳的含量随着围绕太阳的每一次旋转而上升、下降，北半球（特别是亚洲和北美洲）表面积大，光合作用强，吸收的二氧化碳更多，在一年中的下半年，二氧化碳含量又会降低，每年都是如此循环。地球大口大口地呼吸，每年都在吸入二氧化碳，因此，我们可以预测地球上各种生命的密度和对恒星持续输出的光合作用。

如果我们发现其他系外行星上也有类似的情况，就会感到兴奋，因为这些行星很有可能是世代飞船的最佳降落地点。世代飞船将前往检测到相关特征的地方，开创一个非凡的进化时代，而人类也将不断地从星际发现中获得经验，有可能出现完全不同于历史的全新智能物种。要想实现这些，唯一方法是离开我们现在的家园并进行探索。

定居土卫六

我们面临的最重要的问题不是能否找到系外行星，也不是生命是否可能存在于我们所知的行星之外，而是我们应该把哪些行星作为未来的家园。同样，在遗传学方面，涉及的问题不再是我们能否修改基因，甚至不再是我们是否应该修改基因以治疗疾病（因为已经成功实现了），而是我们应该对哪些基因进行工程设计、修改、合成。从 2000 年到 2300 年，人们将为在火星上建立可持续的、自给自足的城市而不断探索。然而，这一切与人们进入大学学习无异。就好比我们离开自己的住处，在父母能够为我们提供帮助的范围之内旅行，我们不断测试自己的极限和潜力，与此同时还在享受乐趣，学习新知识，但也可能遇到麻烦。在此基础上，我们将吸取教训，继续前往太阳系中的其他行星进行探索。人类将于 2300 年首次前往土卫六（土星的众多卫星之一），2400 年之前，人类有望在土卫六定居。这个想法可能并非难以实现，许多行星科学家指出了土卫六的优势，查尔斯·沃尔弗斯和阿曼达·亨德里克斯在他们的《告别地球：通往星际新家园之路》中也对这一点进行了介绍。

卫星本质上是一个行星，不过它是围绕其他行星运转的，而不是围绕太阳运转的，现有的证据无法表明卫星上的生命难以存活。事实上，有些卫星比行星更大（土卫六比水星大）。土卫六有一个厚厚的大气层，大约比地球的密度大 50%。这种极厚的大气层可以让地表居民免受 GCR 和 HZE 粒子的辐射。此外，土卫六的表面有由甲烷和乙烷组成的稳定液态湖泊。

相对于火星或地球的卫星，土卫六的不同之处在于，其获得能源较为容易。土卫六拥有丰富的碳氢化合物，这种化合物可被用于制作建筑材料、燃料、塑料等。通过补充核电，以及获取来自工程植物和藻类的氧气，我们甚至有可能对水进行电解。土卫六厚厚的大气层和强烈的风可以派上用场，通过风力涡轮机生产能源。

土卫六上的其他丰富资源可以通过乙炔氢化反应提供额外的动力。乙炔在地球上被广泛用于工业，例如，用于大型建筑物的焊接（因为它可以在约 3327℃的温度下产生火焰）；用于碳化物灯（燃烧乙炔）照亮手提灯和灯塔；作为半氢化（变成乙烯）的底物，用来制造聚乙烯塑料。最后，乙炔可以通过化学方法转化为丙烯酸，这是形成乙烯基、丙烯酸、一些玻璃、油漆、树脂和许多塑料聚合物的基础。我们可以通过从大气层中提取原子，在土卫六上建造一个类似地球的家园，制造黑胶唱片，播放创作于土卫六的音乐。

土卫六还有一个十分吸引人的地方，那就是它将增强我们的流动性。我们将获得个人优势，可以在宇宙范围内穿梭，成为探险家。土卫六将成为太阳系中的休息区，在前往其他星球之前，我们可以在土卫六加油、吃零食、伸展双腿。土卫六的重力是地球的 14%，因此在土卫六运送东西要比在月球运送东西更容易。此外，相对于地球来说，土卫六的运转速度更慢，我们在其上度假会更容易。土卫六围绕土星的轨道旋转一圈需要 16 个地球日，围绕太阳旋转一圈需要 29 个地球年。土卫六与土星的倾斜度类似，在其赤道平面上运行，七年才会变换一次季节。想象一下，在一个有趣的、跨越七年的夏天，你可以一直盯着土星的光环发呆。

在行星约会计划中，土卫六并不是最完美的。土卫六最大的问题是其气温很低。然而，假设人们可以变得更耐寒，让土卫六置于宇宙中一个较小的区域（类似南极洲），人们就可以在土卫六上生存。在外出时，我们只需要穿上提供氧气和维持热量的宇航服，这种宇航服无须拥有保持压力或抵御辐射的功能，因为大气层已经提供了这些。

然而，土卫六还没有为生命的诞生做好准备。土卫六上的光线非常暗（到达它的阳光强度比地球的低一百倍），仅使用自然阳光，农作物很难在土卫六上生长。土卫六的白天较长，我们需要让植物和藻类适应这种昼夜规律。如前文所述，qDot 照明及人工光源可以很容易地被利用，为藻类和农作物的生长提供动力。此外，土卫六也没有可供人们呼吸的氧气。土卫六上的温度很冷，只有约-179℃（地球的平均温度约为 16.9℃）。尽管如此，土卫六位于太阳系的外缘，它对于保护和探索地球生命具有重要作用。

行星和基因，这对引领新发现的双引擎，使我们能够实现识别、设计和工程化，以便让地球上的生命在条件恶劣的环境中稳定存活。但是，我们如何决定所需发射的生物？我们需要为这些生物设计哪些东西？这项工程又该如何开展？

新地球上的基因守护

假设发现系外行星和发现基因的速度相同，到 2351 年，可能有多达 500 万颗系外行星可供我们定居。另外，假设基因组的发现、基因工程和图谱绘制等工作继续以高速进行，我们可能拥有数百万个基因组和基因部件，从而规划基因载荷。这就导致问题变得有点棘手——我们要发射什么东西？人类目前是独一无二的，因为人类能够预测未来，人类有责任对所有生命负责。所以，答案也就显而易见了。除此之外，还有哪些生物可能有人类般的意识，或者很快就能发展出这种意识呢？

我们的目标是，使我们送往新星球的物种能够最大限度地长期生存，享受生活——包括那些已经灭绝的物种。但是，我们如何从地球上多样的、令人惊叹的生命中进行选择呢？为了做出选择，我们可以在生态系统现有的三个组成部分（生产者、消费者、分解者）中增加第四部分，即守护者。简单来说，守护者是行星生态系统的保护者。

对于一个新的星球来说，生产者将是第一位的。生产者使用水、空气和阳光来制造自己的食物，产生能量，每个星球都需要生产者。生产者包括协助能源生产、营养物质处理和废物回收的微生物、植物。这些生物体将能够在新星球上进行快速实验——包括基因优化。此外，生产者可以是高度针对特定使命的，如地球上的嗜极生物是根据新星球的先天极端条件选择的。生产者也可以来自我们的微生物宇航员，他们通过轻型、快速的探测船进入自己感兴趣的星球中。在一定情况下，一旦一个星球稳定了，有了足够的能力，就可以派出其他消费者和分解者。最后，基因守护者（如人类）将被送来，他们将作为架构师和工程师来设计多样且不断变化的新生命。这可以通过世代飞船来实现，或者通过点对点的生物学，不断将物种所需的 DNA 写上适合新星球的功能。

截至 21 世纪，人类是唯一有能力预测未来的物种，因此，我们可以为意料之外的问题做出反应，提前准备。这是一种与生俱来的能力，因此人类有责任管理所有生命。人类独有的这种能力，其实是历史长河中的意外。由于许多物种能够适应极端温度，因而我们不能简单认为只有人类能够意识到所有生命可能灭绝这件事。

一旦建立了一个供地球生命存活的世界，我们完全有可能把这个新世界交给新的守护者。没有了来自人类的约束和压力，更多的物种可能学会使用自己的工具、语言，并拥有意识。我们通过使能够充当守护者的物种多样化来加强对生命的保护，进一步给予更多的物种更强的能力，让其灵活地掌控生活，这更符合基因道德。因此，守护者的分类，或一个物种的其他生态状态（生产者、消费者、分解者），取决于该物种在特定时间和特定星球上的能力及局限性。

最初的世代飞船需要将人类作为守护者。然而，这些最初的飞船最好也包含其他能够成为守护者的物种。通过定向演化和人类的帮助，更多的守护者可能会在首批新世界中更快出现。

哪些物种属于"预备守护者"呢？人类是灵长类动物，因此，我们不妨加入其他灵长类动物，让它们去旅行。侏儒灵长类动物的优势是表面积小，它们无法适应极端温度，但仍然可以在飞船和外星世界的小范围内生存。目前，猫和狗可能是最好的候选者，因为它们已经融入了人类社会，成为人类的伴侣。狗、马、狐狸是定向演化的一些具体例子，我们可以有选择地找到所需的特征。其中一些特征甚至可以在相对较短的时间内（几十年到几百年）被成功选择。

成功的定向进化

1959 年至 2010 年年初，在俄罗斯西伯利亚地区，人们开展了一项引人注目的关于定向哺乳动物演化的实验，也就是银狐实验。该实验由德米特里·别利亚夫（Dmitri Belyaev）和柳德米拉·特鲁特（Lyudmila Trut）牵头组织。该实验的目的是进行"驯服计分"，从每一代狐狸中选取前 10%的狐狸进行繁殖，从而从野生银狐（红狐的亲戚）中培育出类似狗的表型。人们挑选拥有咬人、咆哮和愤怒等特征的狐狸，把情绪化和富有同情心的狐狸分离出去，剩下的再相互交配，从而形成了一个由人类引导的进化过程。

仅在六代之内，一个新的物种就出现了。它的耳朵软软的，尾巴卷卷的，糖皮质激素（一种应激激素）的含量降低了 50%。新的温顺狐狸表现出与狗一样的行为，例如，会舔研究人员的手。当它们被抱起时，会与研究人员依偎在一起；当研究人员走近时，它们会摇尾巴。第十五代狐狸的化学和生理学特征更加明显，其肾上腺较小，血清素含量提高，拥有斑驳的杂种皮毛图案，还有更短、更圆、更像狗的鼻子，而体态也更像狗（更胖的四肢）。这个定向演化实验中最令人毛骨悚然的是，狐狸开始追随人类的目光，并像其他宠物一样与人们进行互动，喜欢美味的零食，就像它们已经在我们身边待了几百年或几千年一样。

令人惊讶的是，仅通过驯服计分，就足以创造出这种驯化的、高度像狗的表型。当研究人员（包括我们实验室的 Lenore Pipes 和康奈尔大学的 Andrew Clark）观察被选中的狐狸的 DNA 和 RNA 时，他们发现了一个可能产生驯服行为的基因：SorCS1。这个基因合成了大脑中谷氨酸受体的主要转运蛋白，并增强了狐狸的突触可塑性。更令人震惊的是，在狐狸死亡后，其大脑产生了遗传和功能方面的差异。RNA 和基因表达谱（与早期的狐狸相比）显示了它们大脑转录组的变化——包括一些类似于现代狗的特征。具体来说，前额皮层的 146 个基因和基底前脑的 33 个基因有着不同的表达，在神经发育途径及 5-羟色胺和谷氨酸受体途径中富集。在 60 年内，野生银狐的攻击性特征被从它们的基因组、化学成分、大脑和整体行为中完全删除。狗被重新"制造"出来——这些演变都是在一个普通人的生命周期内完成的。

理论上，同样的想法可以应用于任何具有高级认知能力的物种。地球上有许多更好的候选生物，如海豚，它们的智力与人类、蓝鲸等相当。理想情况是，我们重复银狐的繁殖实验，这次我们将智力作为研究因素。这不仅可以提高这些生物在新世界的生存概率，还可以阐明智力基质能够在不同物种的遗传中被利用。

到 23 世纪末，这些定向演化方法很可能被用于不同的物种，从而产生更聪明、更有韧性的生物体，它们将更好地生活在新世界。在这个过程中，一个积极的反馈循环将产生，我们能够从世界上所有生命的适应性中学习，包括从第一个土生土长的火星人那里学习。随着时间的推移，人们将适应多行星上的生活。研究第一代火星土著的基因组和生理变化，能够帮助其他人在新星球上更好地生存。

未来的人类将拥有不同的外表，假设我们的寿命足够长，我们的外表也将继续发生变化。届时，人类的颈部韧带会连接到头骨后，在跑步时需要保持头部挺直，在低重力星球生活的居民中，变化也许不那么明显。不过，那些适应了高重力环境的人，他们的颈部肌肉和韧带也许会与现在的人类不同。我们可以想象，土生土长的火星人与定向演化的宠物一起玩耍的场景，那些拥有更强抗辐射能力且拥有经过改造的外骨骼的宠物，将在大气层减少和光线昏暗的火星上茁壮成长。甚至，整个工程生物群落中的物种都可以与本土火星人嬉戏、玩耍。

火星不是我们的终点。也许有一天，我们将拥有一个多星球融合的、经过编辑的基因组，当我们探索新世界时，我们还会不断完善基因组。土卫六大气层环境中的触发器可能会释放出土卫六特定的级联基因包，而在火星上只能启用火星基因包。如此一来，遗传自由将更容易实现，人们在其他新星球上的生存能力也将增强。未来，我们可能居住在多个星球上，并且很容易（通过相应的技术）相互访问。

机械生命获得知觉

每出现一种高度工程化的智能物种，就会带来相应的风险，因为这些物种的智商有可能超越人类，甚至有一天它们将统治银河系。如果这些物种能够未雨绸缪，对宇宙拥有人类般的道德内驱力，这可能是一件好事。然而，这些物种也有可能违背基因道德义务，甚至找到不同的前进道路。

守护者职责多样化所带来的变化，不仅适用于生物生命，也适用于人工智能平台和机器人。尽管在好莱坞电影中，机器人占领了地球，而人类则被压制，被迫灭绝，但机器人和人工智能平台带来的好处是，它们可以承担许多人类的任务和大部分劳动，从而使我们在异世界更好地生存。考虑到这一点，人工智能——而不是生物生命——可能会成为第二个守护者。宇宙中环境恶劣的地方可能只能由机器去探访，而且在一些情况下，这些机械生命形式可能比生物生命更适合前往那种地方。在我们自己的太阳系中，已经积累了丰富的机器探索历史，比如卡西尼号探测器、好奇号探测器。

为了说明这一点，我们可以借鉴彼得·辛格（Peter Singer）的哲学作品。1975 年，他指出，人们选择吃肉，是因为它们只是动物，这一观点实际上在物种层面形成了一类种族主义，即物种主义。在道德上，我们应考虑各种动物。无论哪个物种，拥有长期记忆、能感受痛苦的生命都应该纳入其中，我们最好能减少物种的痛苦。就像种族主义被认为是可恨的一样，也许有一天，物种主义也会面临同样的情况。

但是，如果物种主义是下一个我们现在无从发现的逻辑和道德谬误呢？如果机器人或未来我们设计的人造物种取代了人类的守护者角色，我们就不能宣称"这些东西和我们不一样，因此可以不做考虑"。使用上述相同的逻辑推论，我们很可能也不能在道德上歧视物质（碳基或其他东西）。

即使是未来的机械生命，如果它们真的有知觉并拥有灭绝意识，也会有一种天然存在的特性及自我维持的内在需要促使它们去保护自己和他人。对它们来说，同样是"存在先于本质"。因此，在十个阶段的计划中，对于让有机物或无机物成为有意识的宇宙管理者和守护者这件事，我们不会有偏见。那时的守护者物种可能是机械性的，也可能是生物性的，甚至可能是人机嵌合体。就这一点来说，当下所有宇宙守护者都有希望展望新视野，感受对全宇宙所有自我复制和有知觉实体的责任。如果想要生存下去，守护者需要共同努力，在整个太阳系中扩大生存范围，并互相扶持。

一旦这个愿景得以实现，为了成为星际实体所做的准备工作的最后阶段就可以开始了。届时，我们将设计出自给自足的移动城市，并将它打包送往最佳候选星球，以确保人类或人类后代能够正常生存。在生命的发展历史中，这是第一次，生命自身拥有了选择自己的太阳的机会。

11

第九阶段：向第二个太阳进军
（2401—2500 年）

"如果留在这里，我们都会发生变化。空气，你没有闻到吗？空气中有些东西，

一种火星病毒、一些种子，或者是花粉。"

——雷·布雷德伯里《黑暗的他们，金色的眼睛》

　　一份完整的、多系统备份的地球生命计划将随着 2401 年左右第一批世代飞船的发射而启动。除了延长地球的生命，这一倡议甚至可能带领我们发现从未见过的新生命体（类似于第五阶段的非天然碱基对）。通过研究不同世界的新发现，我们可以再次透过新的视角来观察宇宙，如新的生物特征和遥远的恒星及行星的发射光谱。这将是生命在宇宙中可持续存在的开端，不受单一系统崩溃（无论粗鲁小行星碰撞、太阳磁暴，还是生态系统崩溃）的影响，并且不被单一星球上的有限生命种类所定义。

　　然而，每当人类扩张到一个新地域，就有可能产生争取独立的冲动，往往导致流血、苦难和死亡（如美国独立战争）。考虑到这段历史，很可能一个新的定居点、殖民地或人类的前哨基地最终会去争取自己的治理权，我们能因此责怪他们吗？地球以外的新世界的社会，最终必须在经济与资源生产等方面独立，我们绝不能将它们视为获得远程资源的手段而进行剥削。

　　然而，这些社会也不应该与其他生命隔绝，否则只会阻碍技术、生物和伦理发现的进步。系统之间的贸易和自主权必须经过周密的计划，并在前期设计的基础上进一步优化。货物可能以数字形式出现，如飞船、行星和恒星之间的点对点生物贸易，以及那些在新的星球被创造出来的稀有商品。在理想情况下，在整个社会中，履行人类（或随后的有知觉形体）道义义务的系统之间将出现丰富的思想、产品和知识交流。

遵守生存道义的社会

2401 年，道义社会的特点将有以下几点：产品淘汰方式的变化（如故意设计成一年后会失灵的汽车零件），耐用和高效的多用途机器被广泛使用，出现横跨生物学、基因组学和医学的优化过程。新的经济驱动力不再是简单的、短期资本主义驱动的，即在廉价设备上实现每单位美元的效益最大化，新的经济驱动力将集中在长期效应最大化上，包括供几代人长期使用的产品和投资。新的运作方式更符合道德标准，需要实现多行星运作，因此，这些设备必须在漫长旅途中持续运转，有些时候需要面对维修能力极其有限甚至无维修能力的情况。在太空中，我们没法获得即时的满足感，也无法通过次日送达的物品来更新设备。

为了适应这个新时代，公司的建设必须以长期运转为目标，顶尖公司拥有经由多代人完成的可靠研究和耐用产品记录，而这些宝贵资源可用于处理多个星球上的极端情况。虽然持续数百年的公司在 21 世纪的地球上十分罕见，但我们还是可以找到一些不错的例子。比如，日本的制造公司 Kongō Gumi，自公元 578 年至今一直正常运营。同样，我们也将计划开展跨越数百年、数千年，甚至最终跨越数万年的实验，从而研究通过定向演化选择的位点的复杂遗传性，以及如何进行行星级的地球改造。

到 2401 年，大部分（或全部）的遗传疾病将不再为人类带来痛苦。DNA 测序仪（阅读者）和合成器（书写者）将十分普遍，准确度也相当高。技术将使基因网络更简单、准确和廉价，于是无缝混合和合成成为可能，类似于 DJ 用节拍采样器制作音乐。正如音乐评论家内特·哈里森（Nate Harrison）所指出的，采样器和转盘都是嘻哈音乐中的关键工具。有了采样器，任何可以记录的声音都能用于新作品的创作。

DNA 测序仪是遗传学的"采样器"，而 DNA 合成器是"转盘"。这意味着任何 DNA 片段都可以被测序，然后在基因组中使用。有了转盘，音乐家们可以混合音乐来创作新的音乐作品。有了合成器，科学家们可以组合任何 DNA 片段，然后生成新的基因。

在这个时代，人类有能力控制他们的基本遗传密码，观察控制分子如何从根本上对刺激做出反应，并产生新的能力。这将使我们拥有前所未有的能力来构建、编辑和移植跨物种的基因组组合，这是我们未来生存在新世界上的重要前提。地球上的大多数疾病或人类的死亡也将在很大程度上减少，其中包括那些与出生、癌症，甚至意外有关的疾病。这些技术发展将超越守护者物种，并被用于改善其他动物的生活质量。有关动物、植物和单细胞生物的持续工程，将为各个物种提供优越的生长条件，从而让其茁壮成长。

普适而持续的生物工程

两个关键事件会从根本上改变人类社会。第一，外植体的成功工程化、临床验证和广泛利用将出现。最开始，任务的进展会十分缓慢，最初只是用于早产儿童的发育。随着时间的推移，技术将得到优化，人类发展的基本规律将被揭开，这些技术将在人类的早期发展阶段得到使用。最终，使一个胚胎发育完全，成长为一个完美且健康的婴儿。第二，细胞工程（包括基因组和表观基因组编辑）将随着时间的推移不断改进，从而能够以准确、廉价和简单的方式编辑、合并、删除各种细胞。这种方法在体外治疗中得到测试之后，将应用于成年人，先在体内进行，最终在胚胎中进行。

最安全、最合乎道德的方式是，在子宫外发育之前，就将这些技术应用于胚胎。通过这种方式，我们可以不断监测发育中的婴儿。这种方式有一个重要的优点，那就是工作人员可以迅速解决出现的问题。最终，人们的评判标准可能也会发生变化，也许在未来，为了妇女和孩子的健康，更符合道德规范的方案是，让胚胎在子宫外发育而非在其母体中发育。生殖将进一步与性别脱钩，因为消除疾病的新技术将被开发出来，未来还会有更多高度具体、自动化程度高的监测技术被陆续开发出来，以确保胎儿健康出生。

此外，经过基因改造的人类数量也将随着时间的推移继续增加（见图 11.1）。如第 3 章和第 4 章所述，20 世纪，人们就已经开始使用体外衍生的自体（使用患者自己的细胞）和异体（使用捐赠者的细胞）细胞疗法了（如 CAR-Ts）。21 世纪，这些技术得到了进一步的发展，通用的细胞疗法出现。这种方法可以使人们从冰箱中取出所需的细胞，并将之用于患者的治疗过程中，无论其遗传背景（HLA 类型）如何，都不必担心移植与宿主疾病（GVHD）等问题。这些通用细胞将首次同时解决细胞疗法的三个主要问题，得到广泛应用。

（1）在患者需要的时候，减轻该疗法所产生的经济负担；

（2）解决所需疗法的时间问题；

（3）监测患者的细胞对该工程的反应，以及所产生的不可预测行为。

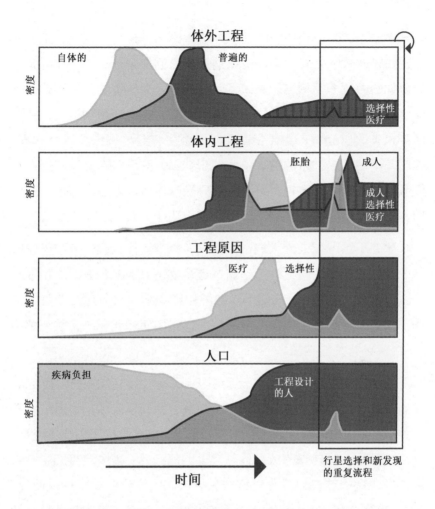

图 11.1　随着时间的推移，可能被编辑的人类比例的变化趋势。基因工程人
　　　　类的数量首先将随着治疗目的而增加，然后因工程原因而增加，还
　　　　将进行下一轮的基因编辑，在一个重复的过程中减少疾病的发生率

　　最后，这些基因工程疗法可以被整合到具有工程定向性的纳米
粒子中，以便在特定的人体内实现高度具体和精确的工程。这些通
用细胞和体内工程将协同工作，产生定制细胞，为更加庞大的目标
人群提供更多治愈疾病的机会。最终，这些治疗方案都将成为护理
的标准，为人类带来更高的治愈率，同时简化治疗过程。

事实上，假设我们能够证明外植体比怀孕足月更安全，到了那时，如果你有能力却不把外植体纳入自己的怀孕计划，别人可能会觉得你的做法非常糟糕。未来，以传统方式来孕育胎儿的孕妇，可能会被视为浪漫派。此外，一旦基因编辑的安全性得到验证，并有助于人类改善健康，遗传学家和儿科医生将会酌情推荐这个方案。因此，不使用这种方法的人将类似于在 20 世纪拒绝打疫苗的人，很可能招致别人的蔑视。这个想法只是群体免疫效应的延伸，其作用是通过疫苗研究被发现的，现在被应用于遗传性疾病的治疗。

体外子宫不仅仅为人们带来便利，赋予女性权利，我们还能够基于此培养健康的婴儿。通过研究遗传病的 OMIM 数据库和临床变异数据库 ClinVar，我们可以遵循相应的路径来应对与单基因疾病（如囊性纤维化）、多因素疾病（如糖尿病和哮喘），甚至感染（如疟疾）有关的突变。

然而，这种基因工程不仅适用于我们较为熟悉的遗传性疾病，如唐氏综合征，而且可以改善免疫系统、循环系统和神经系统。例如，一个优化的免疫计划可以被整合，以改善抗原呈递和细胞分化，从而更好地识别外来的或身体不需要的病原体，减少自身细胞被破坏的发生率，这在自身免疫和类风湿疾病的治疗中很常见。此外，截至 2021 年年底，OMIM 包含 25000 多个条目，其中一些是导致测试值异常的遗传变异（如白蛋白异常、甲状腺功能亢进症）。未来，这些问题都将得到解决。

守护根基——基因信托

这些基因疗法的广泛应用，最终使"改进"和"治疗"之间的区别变得模糊——从第一个细胞开始。一些基因工程可能需要在子宫外孕中进行研发，同时，人们将开展更多工程，子宫外孕的计划将推动相关需求的增加。

那时，可能会有让人们选择最多、最好、最健康的胚胎的项目，这些项目可能会以"从你得到的第一个细胞，到你选择的第一个细胞"之类的口号吸引顾客。最后，如果不进行细胞优化，也不使用外植体，那么就很可能导致儿童，那些即将成为母亲的人，以及他们的后代遭受更大的风险。执行细胞优化计划将被视为一项跨越父母、社会、世代的责任，履行这一责任将改变整个社会、国家、星球的发展进程，最终改变全人类的生活。

然而，正如代码的重大更新需要存档备份一样，在这种情况下，我们可能要为共享的遗传代码创建一个备份。一个未经编辑的人类基因备份可能出现，就像一个独立的小社会。如果未来的技术手段足够成熟，我们很可能无须建构一个小社会作为备份。如果有必要，我们可以简单地撤销编辑，使用相同的工程技术让其在基因库中恢复到以前的版本，这甚至比灭绝整个物种更容易实现。21 世纪，挪威斯瓦尔巴德全球种子库的"作物信托"就是一个例子。跨越人类世代，储存数据和细胞，将推动类似的"基因信托"的进一步发展，最大限度地提高人类长期生存的概率，防止人类因傲慢自大或自然界中的意外而走向灭绝。

基因正道——区分治疗与增强

改造整个人类群体可能招致争议，但实际上我们已经取得了成功，从而改善人体健康，我们用一个近期案例来说明。阿什肯纳兹的犹太人因宗教的影响，通常只在特定的范围内寻找结婚对象，生育孩子，由此产生了一些问题，比如，遗传性疾病的发病率很高，如泰伊—萨克斯二氏病（Tay-Sachs Disease，TSD），这是一种既痛苦而又致命的疾病。泰伊—萨克斯二氏病的症状在婴儿出生后的一年内出现，具体表现为运动能力丧失、癫痫、视力和听力下降、肌肉无力。几乎在所有的病例中，如果婴儿携带有缺陷基因的 2 个副本，他们在 4 岁前就会死亡。目前，尚无针对泰伊—萨克斯二氏病的有效治疗方法。

约瑟夫·埃克斯坦（Josef Ekstein）是纽约布鲁克林的一位拉比（*译者注：即犹太人中的特殊阶层，接受过正规犹太教育，在犹太人社团或教会中担任教义传授者，主要为有学问的学者、老师）。1983 年，他提出了一个防止这类遗传性疾病传播的想法：在夫妇生孩子之前对他们进行风险筛查。在现代遗传学中，这被称为"携带者筛查"，即筛查准父母的遗传风险因素，以减少将疾病传给他们的孩子的风险。如果夫妇是某些遗传性疾病的携带者，他们就可以避免与其他携带者生孩子。利用这个方法，泰伊—萨克斯二氏病的发病率有所降低，不再需要堕胎、接受体外受精或进行试管婴儿。然而，信仰东正教的犹太人并不认可这类医疗手段，20 世纪 80 年代，这些治疗方法遭到了他们的反对。

随后，埃克斯坦启动了 Dor Yeshorim 项目［*译者注：即预防犹太遗传病委员会，这个名字在犹太语中的意思是"走正道的一代"，取自《旧约》中的一节（诗篇 112:2）］。这个项目为人们提供基因测试，以检查其体内是否携带可能导致泰伊—萨克斯二氏病的突变基因，并将结果保存到数据库中。每个做过测试的人都会得到一个随机代码，这是一个可以寻找配偶的电话号码，这样他们的后代就不太可能患上遗传性疾病了。随着时间的推移，这些系统变得更加复杂。2021 年，人们只需要接受一个相对便宜的测试（225 美元），就可以筛查包括囊性纤维化和卡纳文病等在内的疾病，甚至可以接受更多的新检查。

爱是否对你造成了狂风暴雨般的打击？好消息是，有一种紧急测试就是针对这种情况的，这种测试只需花费 450 美元。在采用这种方法之后，布鲁克林犹太社区的泰伊—萨克斯二氏病的发病率降低了 90%。随着这种方法得到广泛采用，困扰犹太人的遗传性疾病大大减少。

Dor Yeshorim 项目效果显著，项目组人员继续攻克其他疾病。如今，研究人员测试了囊性纤维化、卡纳文病、尼曼—皮克 A 型和 B 型、家族性自闭症、范可尼贫血、糖原贮积病 1A 型、布鲁姆综合征、黏液脂肪病 4 型和脊髓性肌肉萎缩症等疾病。其中，一些测试主要针对犹太人，同时为每种遗传混合物设定特定的基因板。例如，塞法尔犹太人接受 23 种单基因疾病的检测，阿什肯纳兹犹太人接受 10 种疾病的检测。

很多破坏性疾病的患病率降低，逐渐引发了社会各界的关注。在这些案例的启发下，更多服务出现了，人们能够更方便地使用载体筛查技术。例如，丘奇的实验室制作了一个名为 Digid8 的约会应用程序，人们能够分享他们的基因数据并与其他人匹配，减少他们的后代被严重遗传性疾病困扰的风险。如果我们将这种方法应用于所有严重疾病的防治中，那么疾病为人们带来的负担和痛苦就会大大减少。

随着基因工程在治疗中的应用更加普遍，很可能出现更加强大的社会动力，促使人们进行基因选择，类似于 21 世纪的携带者筛查。然而，要想保证选择过程的平衡，需要通过不断权衡与基因、表观遗传、细胞改变相关的风险来实现。

我们需要进一步明确什么是真正的疾病，换句话说，当"改进"和"治疗"之间的界限变得模糊不清时，我们需要明白真正的限制是什么。

个体、代际和行星际的风险评分

20 世纪的遗传风险因素是由人类祖先和移民的历史模式导致的。例如，囊性纤维化是北欧血统的人中最常见的一个常染色体隐性疾病，这种遗传病在亚洲却十分罕见。同样，镰刀型细胞贫血症在撒哈拉以南非洲血统的人群中更常见，但在其他地方却很少见。就像携带者筛查一样，我们可以采用不同的方法，来告知个人其即将出生的孩子的风险易，从而减少这些疾病造成的负担和痛苦。随着时间的推移，医疗负担会不断减轻，家庭关系会随之发生变化，风险也在不断改变。

因此，2400 年的疾病表型及基因图谱工具，需要不断地重新评估，了解干预疾病的相关风险和回报，根据具体情况进行选择。我们可以选择一个特定的地点（包括目前的星球或未来的新星球），为特定的疾病和相关治疗方法算出综合得分，以权衡这些因素对个人、社会和经济的影响。利用这个分数，我们可以比较一种特定疾病的不同治疗方法的功效，了解不同疾病的后果，从而根据实际情况选择最佳治疗方案。这种做法的好处是，能够集中研究力量，从而改善整体状况。

20 世纪，受许多难以量化的因素的影响，那时的人们并没有统计各种疾病和治疗方案的分数。然而，就像德雷克方程一样，它对于阐述与宇宙中智能生命问题有关的驱动因素（而不是确切的答案）

是很有用的，相似的人在一生中的风险遗传商数可以为其他病人的诊疗提供帮助。随着社会、技术和治疗方法的不断发展，我们将考虑影响受感染者、周围人口、当前人口的因素，以及特定治疗（或缺乏治疗）对经济和社会的未来影响，而这些都是地球特有的东西。

至少有 13 个因素会构成特定表型的"终生风险分数"（见图 11.2）。

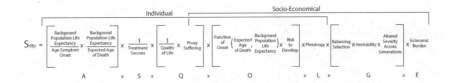

图 11.2　这个分数可以比较一种疾病、状况、风险因治疗和地点而产生的变化。可以在限制性条件下，对一种疾病的严重性进行排序，指导未来的研究

这些因素包括如下内容。

（1）具有相关背景的人口的预期寿命；

（2）症状发生的年龄；

（3）预期的死亡年龄；

（4）治疗成功的可能性；

（5）总体生活质量（1 表示生活质量不下降，0 表示痛苦或死亡）；

（6）代理痛苦（亲人或周围人的痛苦，对病人的痛苦产生负反馈循环）；

（7）发病的功能（相对于背景人群，主要针对具体地点）；

（8）普及率和发病的风险（如果病人已经出现症状，则为 1）；

（9）多效性（无多效性则为 1，大于 1 则为复杂的负表型关联，如果相关治疗有助于其他表型，如合并症，则小于 1）；

（10）平衡选择（如果没有平衡选择的证据，则为 1；如果有选择的证据，可能在其他地方赋予更坏的结果，则大于 1；如果得到积极的结果，则小于 1）；

（11）条件的遗传性；

（12）预测性（疾病的严重程度经过几代人的努力而改变，如果没有恶化的证据，则为 1）；

（13）经济负担（考虑到当前和后代的治疗、护理和流行病的费用）。

与这个终生风险分数（S）相关的数值将取决于三件事：正在检查的疾病（d）或条件；治疗（t），或缺乏治疗；以及具体背景（p），包括新的行星（p）。

图 11.2 可以作为疾病—治疗地点风险的综合得分（Sdtp）。

在这个公式中，相对值越大，结果就越差。举例来说，相对于背景人口的预期寿命，发病越早，人的预期寿命越短，得到的分数就越高（年龄：A）。治疗的成功率是指治疗对个人有效的概率，因此，较低的成功率将导致较高的总体风险得分（成功率：S）。随着治疗成功率趋于零，总分将接近无穷大，使治疗成功的可能性很小，除非它是唯一的选择，并且产生更好的效果。

同样，生活质量也会影响分数。如果生活质量极低，甚至接近零，那么总分将接近无穷大。当病人的生活质量没有达到最高，预期死亡年龄也不完全符合背景人群的年龄，并且周围还有其他人可能遭受痛苦时，代理痛苦的得分将会更高。病人的亲人受苦，将进一步增加病人的痛苦，这一点也需要计算在内（质量：Q）。然而，如果生活质量最大化，预期死亡年龄等于背景人口的预期寿命，那么代理痛苦将等于 1，因此 Q 也等于 1。

如果能找到一种延长预期死亡年龄、背景人口的年龄的治疗方法，那么年龄项（A）将降低。然而，在这种情况下，个人的整体生活质量将取决于他们在额外时间内可能经历的痛苦。因此，总体得分必须是疾病发病的函数。如果疾病在治疗过程中进一步恶化，那么病人的感受实际上可能更糟。这个发病函数的输出被实际发病的风险进一步加权（发病：O），这就是等位基因的渗透率，即携带风险等位基因的患者比例。如果个人的发病风险接近零，那么总分就会很低（接近零的渐近线）；如果症状已经存在，这个值就等于 1。

多效性将进一步影响个人和世代的风险，以及治疗病情的复杂性（L，pLeiotropy）。如果没有发现多效性，这个值将是 1，而在有积极关联或治疗减少并发症的情况下，这个值实际上可能小于 1。同样，许多跨越世代的影响也需要进行分析（G，世代值），如平衡选择，可能会进一步产生多种影响。另外，如果病情（如亨廷顿病）在几代人中恶化，这将是一个关键属性，可能会成为治愈疾病的基因编辑疗法的有力支撑。最后，经济负担（E）将是一个主要因素，包括治疗的经济和社会压力。如果不加以干预，还会影响几代人之间的遗传性疾病与治疗方法。

这个分数针对特定的目标人群与特定的社会环境，能够方便地比较不同疗法对特定疾病或表型的效果。除此之外，患者的生活质量可能会因生活地点的不同而发生变化——无论在地球还是在其他星球。举个例子，假设一种疾病在 80 岁时才出现，一旦发病会迅速导致生活质量下降，患者会在一年内死亡（预期死亡年龄为 81 岁）。背景人口的预期寿命只有 50 岁（如在船上）的地方，与平均预期寿命为 100 岁的地方（如在未来的地球上）相比，这种疾病的发病风险会大大降低，因为这个人可能永远不会到出现相应症状的年龄。因此，这种疾病的风险得分，为两个生活区域提供相同的治疗方案，但其风险指数也有较大差异。同样的方法也可以应用于其他星球上，从而找到其他星球存在的风险因素。因此，这些数值需要被进一步分析，以便能够随时应用于不同星球的各种措施之中。

正如载体筛选中的做法那样，基于 Sdtp 的第一波基因组工程决策可能会从一个单一的社区开始，以治疗造成痛苦的特定疾病。一旦实现了总体效益，这些技术的应用范围将会进一步扩展，最终跨越全球，用于多种疾病的治疗方案中。接受基因工程的人类数量将达到顶峰，而疾病的发病率将逐渐下降。

那时，在人体内，胚胎工程将取代体细胞工程，减轻经济负担、遗传性疾病等的发病率，同时提高人们的生活质量。此外，由于我们自己对疾病和等位基因的理解尚不明确，基于探索新星球的能力进一步提高，因此这种方案在得到广泛采用后，可能会引发更为微妙的疾病或表型改变。

在度过隐性疾病的基因编辑爆发期后，大多数的编辑将被应用于成人细胞，以前的胚胎编辑将被保留，我们只需要对新出现的胚胎，以及疾病进行进一步编辑。我们可以解决许多疾病和遗传方面的问题，还可以根据生物体特征或自身意愿，来进行"开"和"关"的状态切换。例如，当人们想去珠穆朗玛峰时，就可以通过改变自身特质来适应低氧环境，在峰顶获得悠然自得的休闲体验。

基因增强的危险

然而，这种看似有益于消除不良基因的计划存在几个问题。首先，正如上文的方程所揭示的那样，这项技术突破并没有我们认为的那么简单。有关消除疾病（如泰伊—萨克斯二氏病）的构想值得称赞，但这个理由在 20 世纪初却被用来奠定优生学的基础。优生学是许多遗传学家的愚蠢设想，20 世纪 20 年代的部分专家专注于寻找避免疾病的方法，想要创造一个没有病痛的世界。于是，他们量化表现不佳的性状，而不仅仅是那些症状严重的疾病。可以说，他们的想法是在基因库中加入氯（漂白剂），并去除所有不被人们喜欢的性状。当时，一些遗传学家会根据他们自己设定的衡量标准对疾病进行注释、量化和分层，如 Sdtp 这样的衡量标准。

然而，这种意识形态对社会和遗传学领域产生了历史性的破坏。20 世纪的优生学运动和那些遗传学家，侵犯了个人的自由，并没有保障人们的生育权。美国各地均通过了相关法律，要求对智商低或《精神疾病诊断与统计手册》标准下智力存在障碍的人进行强制绝育。在这样的影响下，美国大约进行了 70000 例相关人群的绝育手术，这些人因此失去了生育孩子的能力。更重要的是，该手册中的内容会随时间而发生变化，这意味着我们对疾病的定义不仅仅是一个纯粹的经验主义问题，而是会受到当时社会观念的影响。例如，同性恋在 1952 年的《精神疾病诊断与统计手册》（第一版）中被算为疾病，在 1973 年的第二版中又被删除了，此后再也没有被定义为疾病。

消除不良基因还有一个问题，可能引发"能力论"，即对残疾人产生偏见。杰奎琳·沃利斯（Jacqueline Wallis）等人在残疾人方面的研究表明，有些人并不认为聋哑是一种残疾，因为它可以为一些人带来独特的经验，他们所体会到的文化和语言都是独特的。此外，耳聋还能带来新的触觉体验，患者能够感知更加微小的振动，而听力正常者是很难做到的。

无论是否残疾，人们因特定遗传基因而产生的独特生理、文化、社会体验、不同的认知能力，使得一些夫妻对基因编辑、试管婴儿之类的医疗手段产生兴趣，他们希望自己的孩子也能有类似的经历，甚至一些耳聋夫妇希望他们的孩子也是耳聋者。2008 年在美国进行的一项调查中，苏珊娜·巴鲁克（Susannah Baruch）等人发现，3% 的 IVF-PGD 诊所会向想让胚胎拥有残疾基因的夫妇提供胚胎植入前基因测试，包括耳聋、侏儒症。

无论赞成还是反对，选择性状本身就是一件很复杂的事情。消除残疾可能会导致其他能力的丧失——正如多效和复杂性状经常表现出来的那样。去除 CCR5 去抵抗 HIV 的同时，会增加感染西尼罗河病毒的风险，篡改一个基因和一个表型，会让其他基因的风险增加。人类获得的知识并非完整，将遗传学应用于疾病治疗中的错误，往往与残疾人的诉求相冲突。我们需要确保残疾人拥有平等的机会和权利。

许多残疾人在社区中表现积极且充满活力。显然对能力和地位的自我评估需要一个漫长的过程，这是一个挑战。著名研究者伊丽莎白·巴恩斯（Elizabeth Barnes）在《少数人的身体》（*The Minority Body*）中指出，有特权的主流群体在指导我们应该如何对待少数群体方面做得不够好，尤其是当少数群体是耻辱和偏见的受害者时。

基于对遗传知识的不完整应用，一些人得出了这样的结论：人类不应该通过携带者筛查或基因组工程来避免疾病。有些人认为，我们应该保持现状，以自然的方式择偶和生育。然而，这限制了人类保障生命健康、减少痛苦的权利，甚至制约了我们履行作为宇宙守护者的道德责任。我们的目标不是消除自由，而是增加自由。

　　无论何时，只要我们有两个选择，就总会面对两个以上的选项，要么两者都选，要么两者都不选。在一个新的星球上，以及在地球上，我们应该选择最好的方式。实际上，我们既可以拥有先前设计的疾病带来的增益效果（如增强感官），又可以享受不患病的好处（不必生活在持续的痛苦中）。我们的总体目标是，推动技术和安全的方法。唯有如此，我们才能拥有最大限度的细胞、生殖和行星自由，这不仅包括能够自由选择我们想要访问的星球，还包括在新的星球上茁壮成长（见图 11.3）。

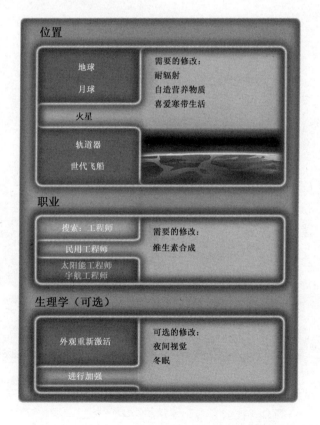

图 11.3　遗传编程接口。未来，工作和娱乐都可以根据需要进行编辑

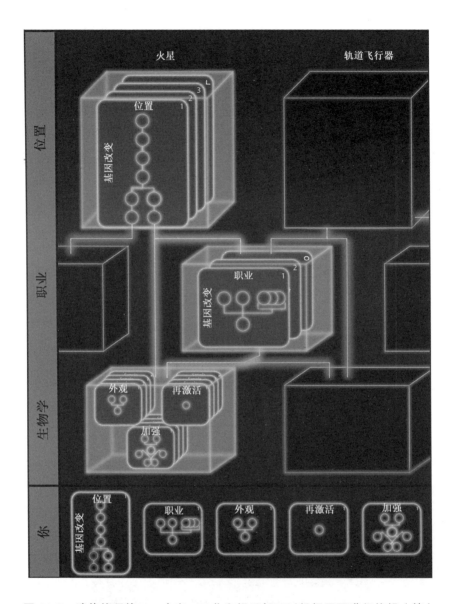

图 11.3　遗传编程接口。未来，工作和娱乐都可以根据需要进行编辑（续）

面向行星和细胞的基因选择自由

在选择性状时，怎样才可以找到两全其美的选项呢？这很可能取决于人们本身的具体性状，是完全可能实现的。与其牺牲其他能力来获取新的能力，如听力受损者的强化振动检测，不如在一个人身上同时设计两种能力。这个问题可以通过 Sdtp 评分来解决，以确定它将如何影响某人未来的生活质量、潜在的痛苦和整体经济负担。同样，这些数值的变化将与时间和地点有关。在太空中，人们能够更好地感知振动，无需听觉就可以交流，甚至可以通过更抽象的方式进行思考，这些能力可能更有意义。有选择地打开基因、重定向细胞并在体内重新创建新组织，会对身体能够前往的地方及细胞的自我控制产生深远影响。在某种程度上，这种细胞自由已经以变性疗法和手术的形式在 21 世纪出现了。

但是，伴随着疾病，每种能力都能被人为设计出来吗？起初，答案可能是否定的。例如，疾病带来的困难或从中获得的经验并不完全是负面的——经历这样的磨难，个体的能力有可能增强。基于这种决心，人们努力解决科学中的各种难题，从而建造世代飞船。

许多患有这类疾病的人，甚至那些没有因此而获得超敏感能力的人，可能会说，即使有机会回到过去，他们仍会选择患上这种疾病。通常，原因来自以下方面。第一，时光无法倒流，人不能回到过去，他们不愿意回到一个不可能存在的状态；第二，他们真正接纳了自己，明白之所以能够成长为如今的样子，很大一部分源于他们所经历的事情，包括疾病。但现实是，他们会遇到各种各样的困难，比如经历单恋，失去家庭成员，或是尽力而为但仍未获得成功。现有证据表明，患有特定疾病是因为复原力更强，因为一些人本来就有很强的复原力。作为守护者，我们应该尽量减少后代的物种和个人的痛苦，最大限度地为他们争取自由，并帮助他们获得知识。虽然可能无法从一开始就设计出与疾病做斗争所带来的韧性和乐观情绪，不过，这些情绪可以通过其他方式获得。

要想拥有复原力，可以选择"患上一种疾病"，例如，想要感受短暂的、有针对性的组织破坏，或者是感受偏头痛期间光线对大脑产生的刺痛感。实现这种技术需要一定的时间，不过，这种感觉也有可能通过先进的虚拟现实技术来获得。因此，我们未来可以在现实中，安全地躺在床上，还能够体验生活中的酸甜苦辣。

也许最重要的是，这个道义社会和先进的行星会消除一种感觉：无助感。至少对大多数患者来说，从出生起就被判处死刑的恐惧感可能会消失。此外，新技术可以改变以前不可改变的遗传特征，为我们提供一条可塑的道路。这种归属感将不再是被迫的，因为人们有机会做出选择。有些人可能选择生活在火星上，有些人可能选择关闭听觉，有些人可能想拥有完全不同的特征。总之，所有人都可以选择自己想要的外貌与功能。

在理想的情况下，我们可以为特定的系外行星选择最佳的基因组合，然后将它们整合到基因组中，以供人类长期使用。但是我们要弄清一个问题，即通过预先定义一个人去特定星球或执行特定任务，会获得和失去多少细胞，个人的自由是否会受到影响。然而，生存道义伦理学认为，能够使大多数人在更多星球上生存的"编辑包"，将成为人类基因组的必备物质，也是持续生存的理想选择。在经济上，这也是极具现实意义的，因为它将最大限度地减少个人可能需要进行的手术的数量。对于所有地方的胚胎来说，最好的选择是实现最大的自由。

太空中的胚胎发育

太空中的胚胎所面临的主要挑战是安全问题。目前，我们还不能确定太空中的人类胚胎的功能是否会像在地球上一样运作良好。截至 2021 年年底，还没有任何胚胎在太空中经历了受精、发育、出生的整个过程。令人担忧的是，针对小鼠的研究表明，如果胚胎发育的部分阶段是在太空中进行的，那么前庭系统的发育可能会被扰乱，而这将导致它们在地球上出生时出现问题。地球上所有的生命的产生和发展都依赖于正常地球 1g 重力的压力。在太空中，缺乏重力是导致发育问题的主要原因。

然而，这个问题并非无法解决。归根结底，继续推进工程改造才是正确答案。如果航天器的旋转能产生 1g 的重力，甚至只是更少重力，胚胎的发育情况就可能得到改善。然而，与该设备有关的机器如果需要暂停一段时间，那么将对发育中的胚胎带来不利影响。不过，前文讨论过的一些医疗干预措施，如休眠机制，就是一个很好的解决方案，将能够为孕妇（或子宫）及正在发育的胎儿提供更多时间。

现存的一些证据表明，胚胎发育的早期阶段有可能在太空中完成的。2016 年，中国的一个研究小组使用微重力卫星将 6000 个小鼠胚胎送入太空，每隔 4 小时拍摄一次发育照片，观察它们的胃肠发育情况。中国科学院动物研究所段恩奎教授带领的研究小组发现，大多数胚胎发育成囊胚，这一现象表明，胚胎发育的早期阶段能够在太空中完成（至少对小鼠而言是可以的）。

如果胚胎发育过于复杂，我们还有许多方法，完全可以付诸实践，例如，对 21 世纪的遗传技术和机械技术进行大幅改进。亚当·克罗尔（Adam Crowl）在论文《解决星际时间的距离问题进行太空移民》中提出，可以将冷冻胚胎直接送往系外行星。一旦航天器到达或接近新的星球，自动机器人、人工智能和人工子宫将被部署到位，以创造、抚养和教导新人类。大部分与自主养育孩子相关的技术并不存在——这让身心俱疲的父母们感到非常懊恼。所以，这种方法在未来是否能够成为一种可行的养育孩子的方法还有待商榷。未来，很可能多代人都需要在飞船上生活，以便在飞船驶向新的恒星时进行导航。

宜居行星匹配 App

即使我们在地球上进行了广泛的规划和分析，甚至还使用探测器作为辅助，但我们前往系外行星的旅途可能不会如预想中那样顺利，也许我们的收获不能满足我们的需要。这种情况可能会迫使宇航员转用 B 计划，甚至是 C 计划。为了援助这个应急计划，世代飞船在理想情况下应被派往多个行星，最好包含多个宜居行星，以及可以供人类居住的卫星。这个任务的结束时间是未知的，而宇航员未来的安家处同样是个谜，种种不确定因素表明，世代飞船需要拥有独立生存的能力。

在我们开始思考想去哪一个星球之前，我们首先需要根据目标系外行星与地球的相似性、整体可居住性，进行评分和排序。2011年，德克·舒尔茨—马库奇（Dirk Schulze-Makuch）等人在《天体生物学》中对此进行了具体阐述。他们提出了一个系外行星的两级分类系统，即地球相似性指数（ESI）和行星宜居性指数（PHI）。ESI 包括行星的"内部 ESI"（包括其密度和半径），以及一个基于可能的表面温度和逃逸速度的"表面 ESI"。PHI 建立在稳定的基质，登陆地，可用的能量，与生命有关的化学作用，以及容纳液体溶剂的潜力之上。PHI 能够准确反映哪些星球最适合已知生命居住，ESI 采用了一个更容易获得的指标，算式如下：

$$\text{ESI} = \sum_{i=1}^{n} \left(1 - \frac{x_i - x_{i0}}{x_i + x_{i0}} \right)^{\frac{w_i}{n}}$$

其中 x_i 和 x_{i0} 分别代表地外天体的具体属性、地球的具体属性，w_i 是每个属性的加权指数，n 是被测属性的总数。PHI 类似 Bray-Curtis 相似度指数，后者被用于微生物组的多样性研究中。这个指数将行星的相似性分数限制在 0 和 1 之间，与地球相同（基于所有分析指标）为 1，而与地球可能存在最大差异（就 ESI 而言）则为 0。这个指标可以进一步扩展，以包括行星的额外特征（如将质量、半径、逃逸速度、通量、密度和温度全部计入其中），可以通过特征平均权重而简化。

火星拥有太阳系中第二高的 ESI 值，其数值为 0.70。通常被称为地球"孪生兄弟"的金星，ESI 值仅为 0.44。金星的 ESI 低，是由高太阳通量（来自太阳的辐射）和高二氧化碳含量导致的，这使得它的温室效应几近失控。以 21 世纪的标准来看，金星的温度对大多数生命来说都太热了。在行星科学术语中，这意味着金星已经超过了它的 Komabayasi-Ingersoll 极限，即一颗行星在温室效应并未失控的情况下，所能处理的最大太阳通量。一旦这个星球变得太热，它的 ESI 值就会减少，就不能算作理想的定居地了。

值得注意的是，就 ESI 的本质而言，它是偏向地球的。马德胡·贾加迪什（Madhu Jagadeesh）等人定义了火星相似性指数（MSI），他们指出，在寻找生命和宜居行星的过程中，可以将 MSI 作为一个次要的衡量标准（特别是如果火星曾经有生命）。只要我们有足够的信息，这个指标就可以应用于任何行星或卫星——比如金星相似性指数、土卫六相似性指数。然而，鉴于所有对生命的理解都建立在地球的发展之上，要想让世代飞船任务取得成功，最好的方式是使用 ESI 和 PHI。一旦我们验证了居住在其他星球并创建自我维持的社会的计划，我们就可以利用这些星球的初始特征，扩大我们搜寻潜在星球的范围。这些指标能帮助我们识别星球是否宜居，遇到不太合适的星球就，我们可以在 App 中"向左滑动"，遇到符合标准或激起我们好奇心的星球，我们就可以在 App 中"向右滑动"。当然，在开展长期任务之前，我们还需要进行更多调查，获得更多数据。

我们的类地行星伴侣

我们应该把经工程改造的人类和其他生物体送到哪里？幸运的是，如前所述，我们的进展飞快。2014 年我们还没有发现类地行星，如今，我们已经发现了数千颗类地行星，并且，在 2500 年前，我们还会发现更多的行星。最引人注目的一点是，迄今发现的几乎所有高 ESI 和高 PHI 行星，都是在银河系中一个非常短而狭窄的区域内被发现的（见附图 9）。未来，我们将会发现更多的行星，其中一些甚至可能比目前发现的大多数行星离我们更近，这可能缩短世代飞船的旅行时间，使之变得更易于接受。

但是，我们可能根本不需要这些新发现，因为目前被编入目录的许多系外行星都可以作为潜在的人类家园。波多黎各美利坚大学的行星可居住性实验室（PHL）的网站，持续追踪每一颗新发现的行星，它们的大小各异，有的是火星那么大（Subterran），有的是地球那么大（Terran），有的类似超级地球/迷你海王星（Superterran）。目前，我们只能对大部分行星的表面温度、大气层情况进行猜测，难以真正测量其 PHI 值，但至少 ESI 已经为我们提供了一些很好的候选行星。截至本书英文版出版时，有 17 颗候选行星的 ESI 大于或等于 0.8，有 42 颗候选行星的 ESI 大于或等于 0.7。

一个伟大的候选系统是由几颗行星组成的 TRAPPIST-1 系统（包括行星 a、b、c、d、e、f、g、h）。利用这个系统，通过哈勃、开普勒和斯皮策太空望远镜及欧洲南方天文台的 SPECULOOS 望远镜，科学家进行了深入研究。他们于 2018 年得出的研究数据显示，这些行星的质量是地球的 0.3 ~ 1.2 倍，密度相似，这表明它们的重力对 21 世纪的人类来说是可以接受的。行星 c 和 e 主要由岩石构成，而行星 b、d、f、g、h 的外表可能存在某种类似于地球的水、冰、大气。令人兴奋的是，有证据表明，行星 d 拥有由液态水组成的海洋，占其质量的约 5%（地球的水含量大约是它的 0.1%）。此外，有证据表明，大多数行星都可能有一个铁芯，这对它们的磁层来说是个好兆头。关于 TRAPPIST-1 系统和其他接近（相对）的系外行星的 ESI 计算结果（见附图 10）表明，它们可能是未来生命的潜在家园。

TRAPPIST-1 系统可能是在 21 世纪发射世代飞船的最佳选项，但它并不完美。从目前收集到的数据来看，这些行星似乎都是"潮汐锁定"的，就像地球的卫星月球和土星的土卫六一样，行星的一侧永远面对着它的恒星。这意味着，在这些行星其永久发光的亮面和夜晚的暗面之间，温度差会非常大，这将导致风暴天气的出现。因此，存在于这些极端之间的黄昏区域，可能是登陆和建立新家园的最佳选择，它被称为终结线。地球的终结线是不断改变的，通常以日落和日出的形式出现。不过，TRAPPIST-1 行星所拥有的固定终结线可能具有优势。那时，研究人员可以在其中一个星球的较热区域或较冷区域不断探索，直到找到可居住区及一个比较稳定的地点。

我们所掌握的数据非常有限，无论在我们所观察到的空间百分比方面，还是在我们对所发现的系外行星的颗粒度的了解方面。"射星计划"（Project Starshot）之类的任务，将帮助我们进一步了解附近的太阳系和系外行星的真实面貌，使我们能够更近距离地分析它们。21 世纪的天文学家就像眼科医生，他们试图从马路对面的车流中检查病人的眼睛。如果我们能够更进一步，那么就能够掌握更多信息。这些任务将为我们带来关于系外行星和我们感兴趣的行星的更可靠信息——包括关于它们表面的化学物质、行星活动的数据，以及用于 PHI 计算的数据。这些信息对于发射世代飞船而言十分关键，这将最大限度地提高成功率，并尽量减少对后备计划的需求。

行星基建工程

在理想情况下，世代飞船将找到一个可立即居住的系外行星。然而，就像大多数生物一样，想要生存就需要解决资源问题，而很多行星的特殊环境会使资源获取能力大大降低。如果一个星球太热，它可能根本不适合人类生存。不过，一个星球极端寒冷的问题可能得到解决——即便如此，也会存在实用性和可行性的限制。有关世代飞船任务的挑战将因距离而加剧，人类将远离他们成长的地球，同时，充满未知变量的新星球会产生各种不确定性。我们如何开展这次任务，我们需要带哪些物资，以及我们如何建立第一颗系外行星？要想回答这些问题，我们需要用到定居在火星、土卫六等获得的经验。

绘制、监测和调整地球大气层所需的所有技术将成为调整新世界大气层的基础。甚至曾经困扰地球的、被遗忘已久的工程也可以被重启，起到一些辅助作用。例如，氯氟烃（CFCs）是一种温室气体，能够使一个新世界变得更热。这个想法最早是在迈克尔·阿拉比（Michael Allaby）和詹姆斯·洛夫洛克（James Lovelock）的著作《火星的绿化》（The Greening of Mars）中提出的，他们认为这种方法可以作为加热火星的一种方式。虽然氟氯化碳曾经破坏了地球高层大气中的保护性臭氧，但它们未来在新世界的应用，可能为我们提供生存所需的热量保护，就像冬天的大毯子。世代飞船甚至可以制造氟氯化碳，进一步提高其自给自足和执行多个备份计划的能力。

如果某个星球在改造之后仍然不适合人类居住，接下来，我们就需要改变它的大气层。这个过程十分漫长，可能需要几百年、几千年、几万年，世代飞船在到达目标星球以后还要在轨道上运行许多年。然而，在等待世代飞船完全着陆的过程中，我们需要提前建造一些小型前哨站，用来进一步测试新的大气层工程。无论基因还是行星，要想让大规模工程取得成功，一个重要步骤是，对其所有组成部分的可及性、模块化和相互作用进行研究。借助于先进的技术，我们能够用较少的努力解决世界上的大部分问题。

首先，小型生物群落可以被送到地面上。它们可以用来测试新的化学组合，还可用于大气工程。幸运的是，地球植物是发展行星技术的一个理想物质。但是，我们如何将它们对阳光和二氧化碳的消耗转化为生产所需的试剂，如能源和氧气，以便在其他星球上使用？这是美国能源部所面临的一个长期问题，该机构现在支持三个清洁能源中心（核能建模和模拟、储能研究和关键材料研究所），以及人工光合作用联合中心等的研究，这些举措推动了科学家的研究。哈佛大学教授帕姆·西尔弗（Pam Silver）和丹尼尔 G.诺塞拉（Daniel G. Nocera），在 2011 年首次制成了"仿生叶"，它的效率比非仿生植物高 5 ~ 10 倍。它们的"叶子"由一个简单的硅片和固体基质组成，当它暴露在阳光和水中时，就能将水分解成氢气和氧气。

要想在新的星球中有效利用这种仿生叶，可以通过同时制造氢气和氧气的方式，快速生产燃料和可供呼吸的空气。然而，仿生叶对于光和水的依赖更强了。虽然火星上缺乏水资源，但根据 NASA2019 年公布的水资源"藏宝图"，这颗红色星球在浅至 2.5 厘米处确实有水存在。使用这样的扫描技术，我们会将那些可能存在水的系外行星作为候选目标，因为地球上的生命大多很喜欢水。

虽然地球植物的主要任务之一是进行光合作用，但它们实际上并不擅长这么做（效率大约为 1%）。类似仿生叶的改进，有关研究表明，其他生物能比地球植物更好地做到这一点。在生物反应器中生长的微藻，其光合作用的效率可达到 3%，而在非常特殊的条件下（比如在"气泡生物反应器"中），最高效率为 5%~7%。诺塞拉教授及西尔弗等生物学家对此进行了深入研究。在麻省理工学院安东尼·辛斯基（Anthony Sinskey）的研究基础上，他们采用了独特的氢气氧化菌，该细菌能够消耗氢气和二氧化碳，产生 ATP，并在其中嵌入了新的基因，使其能够进一步转化这种 ATP 酒精和钴磷分水催化剂，甚至能够在有氧条件下排出其产物。

这种人工光合作用的效率远远高于自然光合作用，效率约为 10%。他们还生产了石化产品，如异丙醇、异丁醇和异戊醇，其可用于 21 世纪的发动机。随后，他们于 2016 年发表了研究成果。他们的系统以碳中性的方式使用二氧化碳，虽然不能作为一个碳汇来解决多余的碳，但可以帮助整个石化行业燃烧碳，并寻找更多可燃烧的碳，甚至不断加剧温室效应。在未来的星球上，我们将能够改变效率和释放气体的类型、比例，以加速大气层或定居地的变化，营造更适合人类生活的环境。

同样，NASA 项目 Ecopoiesis Test Bed 旨在使用这种确切的设想，在火星启动"Ecopoiesis"（来自希腊语中的"房屋"和"生产"）行星工程计划（地球改造），并最终将这个计划推广到其他星球。Ecopoiesis Test Bed 项目建议，我们可以在一个接近液态水的地方着陆，将人类与星球的其他部分完全隔离（为了保护星球），然后释放能够在新星球生存的嗜极生物，同时感知是否存在代谢产物。然后，这个项目产生的数据将由一个轨道卫星捕捉，这些数据将有助于改善未来探测器及生命的化学与生物组成方式。随着时间的推移，这将使强大且适应性强的先锋生物体工程能够在最恶劣的环境中建构整个生态系统。

深空探索的最大挑战是，目的地可能无法提供世代飞船稳定更新所需的资源。我们离太阳越远，就会变得和天空中的其他星星一样，得到的养育之光就越少。即使我们有能力在一个星球上部署这些不断学习的生物体，我们仍然需要合成生物体所需的材料，以及能够支撑停留在轨道上的其他材料。如前文所述，这些飞船的回收和再利用能力将需要进行设计，但材料的合成也需要相应的空间。

其中一个解决方法是，建造一艘极其庞大的飞船，其能够储存我们所需的初始建筑材料。当然，这同样意味着这种飞船不能永久使用，而且建造难度会更高。不过，我们还有一个解决方案，那就是开展在星际空间中收集资源的详细计划。这种方案可能是收集并使用持续不断的辐射，或者是使用从小行星和其他空间碎片中收集到的材料。在任务开始前，我们可以制订相应的计划，最大限度地提高获得材料的机会，并尽可能地补充材料。如果这个计划被纳入世代飞船的任务中，宇航员就不会因延迟而感到沮丧，他们会将这种情况视为使命和职责的一部分。

星际之间的定向进化

随着时间的推移，演化将不可避免地发生。一些选择压力（如银狐实验）可以迅速将新人类或守护者物种与其他物种区分开来，这将取决于他们的祖先来自哪个星球或飞船。一旦出现这种情况，它将成为第一个星际生命追踪系统。通过对这些变化进行分子剖析和 DNA 测序，我们将获得一个恒星周围的生命演变目录，并建立一个关于生命适应性的庞大目录。这个庞大的基因库可以不断地与我们已知的地球上的演化进行比较，也可以与人类和其他生命形式未来生活的地方进行比较，如月球、火星、土卫六、不同行星周围的轨道，以及太阳系以外的任何世界。

一旦方向确定，这些特定的分子变化可以被进一步分析、定性，看看能否进入新的生物系统。那些对生活在特定地点有帮助的分子（如 TRAPPIST-1 系统中的一个卫星），可以在人类前往该地点前预先置入体内。这将开启一个不定向和定向演化的正反馈循环，它能够跨越多个世界、恒星，甚至最终跨越星系。最终，通过使用世界相似性指数（WSI），这些针对特定世界的、经过协议的设计可以被预先应用到新世界的第一批定居者身上，由此找到与当前基因库中的世界最相似的地方，进一步提高任务的成功率。将这种方法推广，届时将会出现一个太阳系相似性指数（SSSI）及最终的银河系相似性指数（GSI），以最佳匹配已知生命，我们就可以精确地辨别处于宇宙各个区域的生命形式了。

然而，技术是一把双刃剑。一个新发现可能会为我们带来好处，但也可能通过错误的手段恶意应用于错误的场合。举个例子，假设我们发现了一种特定类型的核苷酸或一组生物基质，它们与生活在不同世界的人有独特的联系。这可以激发我们进一步学习，并不断改进定向演化，以确保人类能够在不同的环境中茁壮成长。不过，它也可能导致恶意事件，比如"行星恐怖分子"可能会制作一种病毒，专门攻击那些已经进化到只能在这个世界上生活的特定化学背景下的人类。虽然这个计划有着巨大的实际操作和经济上的障碍，但并非无法解决。历史表明，被边缘化和被压制的群体，甚至只是那些意识形态不同的人，可能会采取激烈的措施来争取他们认为正确的东西。我们需要进行严格监测，以确保每个世界及居民的安全。

到 2401 年，将出现几代人的定向演化历程，跨越人类、真菌、细菌和行星的适应性，跨越多个系统、轨道器和飞船。此外，我们会将这些信息与已知行星和卫星的特征相结合，并推动不定向和定向演化之间的正反馈循环。如果有足够的时间，我们将飞往更远的深空，跨越我们自己太阳系中的行星和卫星，去探访外面的更多恒星，甚至有一天，我们能够探索其他星系的奥妙。我们可能设计出能够在太空中生存的生物体，不仅仅是能够持续生存，而是在太空中茁壮成长。我们还可能设计出一些能够在行星之间迁移的生物体，其能像在地球的大气层中飞行一样容易。甚至，还会出现迁徙物种，比如有太阳能翅膀的水熊，其像星际君主一样在新定居的星球之间移动。工程化的生命，仿佛穿梭于恒星之间的新诗篇。

THE NEXT 500 YEARS

Engineering Life To

Reach New Worlds

12

第十阶段：乐观的未知
（2500 年后）

新视野

有了 21 世纪到 26 世纪之间开发出来的新工具，我们可以避免前往一个不定向、无引导和残酷演化的世界。那时，人类将掌握一种能力，把我们与其他物种真正区别开来——这是一种能够指导人类和其他生物体演化的能力。随着不断量化，我们对灭绝的认识越来越深刻，我们作为一个守护者，能力将不断提高。人类所扮演的新角色，也带来了许多新的机会和新的职责，例如，一个守护者首次拥有了避免自己和其他物种灭绝的机会。到 2500 年，我们将有机会在太阳系的其他行星上发现细菌生命，甚至是其他智能生命。我们可以继续向前走，走向更遥远的地方，去寻找新的生命。不过，摆在我们面前的一个问题是：这个目标需要多久才能实现？

地球家园谢幕

地球的末日将从小的变化开始。首先，大约 5 万年后，用于天文计时的每日的长度将变长，达到 86401 秒，因为月球"拉"着地球，使其旋转减速。在几百万年后，可以从 21 世纪夜空中看到的大多数星座将无法辨认，丘比特和贝琳达（天王星的两颗卫星）可能会相互碰撞，产生行星碎片并为主行星提供新的星环材料。

1 亿年后，太阳的亮度将增加 1%，地球将真正开始升温，但那种热度人类可能无法适应。大约 1.8 亿年后，地球的自转速度将变得非常慢，一天将变成 25 个小时，而不再是 24 个小时。2.5 亿年后，加利福尼亚州北部的海岸可能会撞上阿拉斯加州，而大约 5 亿年后，地球表面可能会出现一个新的超级大陆。大约 6 亿年后，月球将远离地球，日食现象将再也不会发生。不过，月球仍将围绕地球旋转，但我们只能看到日偏食了。

7 亿年后，太阳亮度的增加，将使表面岩石的风化速度加快，我们可以用碳酸盐的形式获得更多的二氧化碳。随着水从地球表面逐渐蒸发，构造板块的速度将变慢，最终停止，因此，大部分火山活动将停止。如果无法让碳回到地球大气，二氧化碳含量将持续下降，杀死使用 C3 进行光合作用的植物（99%的已知植物），只剩下 C4 植物（如玉米），这类植物可以在仅有较少的水和营养物质的情况下完成光合作用。

对于所有这些问题，理论上来说，一个简单的解决方案是将小行星或其他行星体转向地球，随着太阳不断变大，调整我们的轨道，延续地球的相对舒适性。要想做到这一点，我们需要用到目前还未出现的方法。毕竟，目前我们还无法安装一个巨大的引擎来推动地球移动，不过这种设想已经在电影《流浪地球》中出现了。随着植物大规模枯萎，大气中的氧气含量也将开始下降，这将导致保护大多数生命免受紫外线辐射的臭氧层消失。

8 亿年后，二氧化碳含量将持续下降，那时就连 C4 光合作用的植物也无法生存了。如果不存在植物，也没有循环大气中的碳和氧的方法，绝大多数生命可能将不复存在。在一本与此相关的开创性书籍中《地球的生与死》（The Life and Death of Planet Earth），彼得·沃德（Peter Ward）和唐纳德·布朗利（Donald Brownlee）预测，也许一些动物可以在海洋中生存，但难度也很高，大部分生命的存活时间不太可能超过 8 亿年。

离开太阳系

大约 10 亿年后，地球表面会变得非常热，阳光也将发生巨大变化。由于核聚变反应中使用很多较重的原子，太阳的亮度将提升大约 10%，这将进一步推动热量激增。海洋、空气和地球将吸收更多热量，而这可能引发温室效应，使未来的地球呈现出类似于金星的地狱景观。对于如今开始关注气候变化的人们来说，最可怕的应该是 10 亿年后，因为那时我们需要掌握所有所需技术来设计属于我们自己的星球，以避免过热的气温抹杀我们曾经熟悉的一切。

随着时间的推移，问题只会越来越严重。大约 30 亿年后，太阳的亮度将提升 35%，届时太阳的能量将使海洋沸腾，冰帽融化，中上层大气中的大量水蒸气会漂浮到太空。这个阶段，尽管火星将突然变得温和，但生命将很难在地球表面生存。到了那时，保护地球的磁场很可能会消失，因为地球核心内的铁将不再移动。

我们自己的太阳将在大约 50 亿年后变成红巨星，有些人猜测太阳需要 55 亿年才会变成红巨星。不管何时发生，那时，地球上的所有东西都将成为焦炭，大部分会被还原成原子。地球绕太阳的轨道将向外漂移，但即使半径扩大，地球也可能非常接近新的红巨星太阳的外半径。那时，地球的剩余大气层都将蒸发到太空中，变为熔岩球体，上面漂浮着密实的铁质"冰山"，它们会在 2130℃的熔岩中漂流。

地球被遗忘的一个意想不到的好处是，在太阳演变的后期，一个新的太阳系将会出现。土卫六的寒冷气候将会突然变得温和，类似于 21 世纪的火星（大约-73℃）。这意味着，即使我们在 50 亿年后没有解决危机并逃离太阳系，我们可能还有几亿年甚至十亿年的时间去解决太阳系外围的问题。但即使在外围，我们也不可能永远这样持续下去。

在大约 70 亿年后，火星和地球将被潮汐锁定，星球的一面将永远朝向太阳。但是，太阳将不断变大，从现在起约 80 亿年后将达到最大，必将吞噬内行星（水星、金星、地球，很可能还有火星）。此后不久，太阳将会熄灭，成为一个白矮星，其质量约为目前的 54%，而亮度则低得多。这将是太阳的最后一次活跃迹象，如果人类那时还没有乘坐世代飞船离开太阳系，他们将不得不生活在外行星（土星和木星）及它们的卫星上，或者找到一种生活在白矮星中的方法。

凝望宇宙尽头

关于宇宙终结的构想是十分模糊的。宇宙消亡的时间取决于那些我们难以测量的东西，如暗物质和暗能量，而且这些事件至少还需要数亿年之久。1907 年，在爱因斯坦的广义相对论方程给出了几种可能的解决方案之前，神话和宗教中就有很多这种令人生畏的问题了。然而，每个解决方案都表明，宇宙拥有完全不同的结局。我们所知道的是，整个宇宙在分子和行星水平上趋向于更大的熵，或无序。引力和生命是宇宙中的两种不断对抗这种熵的力量。

宇宙的消亡方式不止一种，目前人们认为，以下两种方式的可能性最大。

第一种是宇宙无尽膨胀，也称宇宙"大冻结"。行星将继续漂移，细胞、分子、原子，甚至最终电子和亚原子粒子都将因距离太远而无法相互作用。为了生存，生命体需要创造一个完美的密封环境，以控制其中的重力，并重新获得所有能量，不让能量逃脱。这将使生命能够永久存在，指导我们自己的进化（如前几章所述）。然后，我们可以开始远征，并重新设计宇宙。

第二种是大坍缩，宇宙中的暗物质和可见物质密度非常大，从而驱动所有的质量不断向它们靠近。随着越来越多的物质向一个单一点聚集，生命将被新的太阳和行星直接轰击，并不断地反击无数的天体，这将对存在生命的星球带来巨大影响。因此，生存的唯一途径是重新设计宇宙本身，据此，可见物质和暗物质的结构将需要被修改为一个独立的实体。正如本书提到的，道德与义务要求我们通过修改宇宙的方式来保护宇宙。

有可能在大爆炸发生之前，我们只能了解生命的前身，在大爆炸之后，新宇宙中可能会再次出现生命。此外，新宇宙中的生命可能以更稳定且更理想的形式出现，这意味着战争会更少，人们不再遭受饥荒之苦，也无须体验疾病之痛。如果我们阻止宇宙大爆炸的发生，那么我们将会影响未来的生命，这实际上违背了生存道义伦理学。我们如何预测我们的决定将在多个连续宇宙中产生怎样的影响？

无限的潜力

虽然我们无法得知所有问题的答案，但是我们有限的认知还是会为我们提供部分答案。例如，地球和自然资源不会永远存在，宇宙中存在许多星球，我们也许可以通过远征抵达那些星球，把唯一已知的智能生命分散开来——而不是把它们都留在同一块脆弱的岩石上。这是目前已知的最佳策略，也是针对未来宇宙的具有可行性的解决办法。

我们发明出了许多新的技术，比如，从人体中提取特定的细胞，用新的基因来设计它们，使其具有新的能力，然后将其重新植入人体，以治愈疾病，延长寿命，这种技术在 1000 年前是完全无法想象的。同理，我们的后代在数千年、数百万年、数十亿年后拥有的能力，我们现在可能也无法完全想象。不过，唯有保证人类和人类后代的生存，这种设想才有可能变为现实。

本书中的种种设想，不仅仅是为了延长人类的生存时间，而且是为了实现真正的细胞、分子和地球的自由。这个梦想不仅适用于数百万年后的人类，而且适用于所有物种。通过仔细研究我们周围的生命体，以及观察基因工程如何改变一个细胞或生物体，我们可以进一步根除许多遗传疾病。此外，我们将进一步开发技术，让人们成为自己想要成为的样子，将他们的梦想、情感和激情刻入他们身体每个细胞的 DNA 中。人类的命运将不再由自身所遗传的东西所决定。

未来，人类的好奇心将不断被激发。我们将对宇宙展开进一步探索，还有许多未知的新事物在等待着我们。比如，直到 2020 年，我们才发现了被命名为"超级泡芙""棉花糖"的行星，它们的密度与狂欢节上的点心差不多，体积却和木星一样。

不过，现实情况是，我们不知道宇宙中哪里存在生命，究竟存在多少生命，坦率地说，我们目前甚至无法确定其他地方是否存在生命。事实上，德雷克方程、西格方程等的主要局限是，我们被迫对地球的生命进行讨论。不同于用来检测行星生命的生物特征，生命的性质或许可以跨越不同的可能性，也可以跨越不同种类的物质（如暗物质的生命形式、机械智能）。虽然研究极端微生物和确定细菌能够存活的最低基因数量，对于探寻地球生命样本的潜在限制非常重要，但它很可能仅仅是窥见宇宙生命总潜力的很小一部分。就像人类的眼睛（至少在 21 世纪）只能看到电磁波谱的极小部分（可见光），而无法看到其他波长一样，相比于宇宙中可能存在的其他生命，我们目前只是看到了生命潜力的极小部分。实际上，这是一个不断扩展的领域，未来可能会有更多生命特征被发现。

针对生命特征和宇宙中的全部生命的可能性，我们需要做些什么？对此，我们至少需要两样东西：时间和用于探索的技术。仅仅是创造满足地外生存的条件，就需要耗费许多时间，而我们还需要更多时间去建造远征必备的世代飞船，然后消耗更长的时间来旅行。此外，我们还需要时间来制订详尽的计划，并逐步测试和应用新技术。唯有如此，我们才能够真正探索未知的宇宙。尽管困难重重，但我们还是要不断扩大探索宇宙的范围，否则我们将永远无法找到潜藏于地球以外的一线生机。这要求我们秉持一个超出人类生活范围的共同愿景，我们都需要为此做出努力。

即使居住在地球上，我们对生命的理解依然会随着时间的推移而改变。在了解细胞发育之前，我们曾认为人类的胚胎本质上只是一个小婴儿：就像一套俄罗斯套娃的一部分，而最终出现的婴儿只是在体型上稍微变大了一点儿。我们甚至会争论是什么构成了生命——从病毒到胚胎，何时才算是具有生命的。随着我们对不同太阳系的探索，我们对生命的基本定义和理解可能会发生变化，而这些发现可能会引发关于生命发展的全新浪潮——远远超过人类的发展，并且不同于此前的所有方式。

最终的使命

人类能够通过数十亿个神经元的选择性被激发，在头脑中创造新的宇宙——目前只存在于想象中。不过，可能在未来的某一天，这些曾经虚无缥缈的想象将成为现实。因此，我们有责任保护这种创造性的梦想、目标，不仅要保护人类和目前栖息的星球，还要保护所有物种和星球。通过仔细研究和规划那些必要的细节来设计生命，将是未来的主要生存手段。

然而，生命的最重要的组成部分是无法被还原的。那些复杂的特征和超越个体的特点，如哲学、诗歌、音乐，以及科学主义和经验主义，将这些元素纳入点对点的生物框架中颇具挑战性。生命比任何单一理论都更复杂，并且生命将继续创造关于自身和宇宙的新理论。唯有保留意识，我们才能在未来探索更多理论，产生新的梦想。在进化过程中，我们会做出最适合当前情况的选择。其他生物可能无法预测进化过程中的全部困难，也无法完全了解即将到来的厄运。

但是，人类能够了解这些。只有人类能够意识到即将到来的灭绝危机，人类将作为守护者，引导进化，为长期生存做好准备。前文所述的所有经验教训，以及为人类带来聪明才智的遗传基质，共同为科学工程提供了一个日益丰富的肥沃土壤。只有人类拥有这种能力，只有人类才能认识到生命的脆弱性。

我们应该履行最终的义务，并尽可能地延续生命——无论生命的类型、构成、母星、宇宙的年龄。

如果宇宙本身，在其无限辉煌、保持神秘和持续演化中，被拟人化地问及这个问题："你想成为什么样的宇宙？"

宇宙可能会一边琢磨着亚原子粒子、多变的能量和计划的草图，一边思考着自己的道义和目标来回应："成为有能力创造新宇宙的宇宙"。

致 谢

　　这本书的第一粒种子是在我 15 岁生日时种下的，当时，我的姑妈安妮和姑父杰夫给了我一本小说，艾萨克·阿西莫夫的《基地》。在那本小说中，描绘了人类可以轻松生活在整个星系，以及精心规划以消除人类和其他物种的痛苦的故事。此后，这个故事一直停留在我的脑海中。十分感谢我的姑姑和姑父，感谢《基地》这本书，以及阿西莫夫的洞见。

　　后来，在写作的道路上，很多人为我提供了帮助，支持着我，我对他们报以无尽的感激。感谢我优秀的妻子和女儿，琼·莫里亚蒂和马德琳·梅森·莫里亚蒂，从本书的写作直至图书出版，她们一直陪伴着我（曾多次被凌晨 4 点的闹钟吵醒）。在我写作时，琼照顾着全家人的生活。麦迪（马德琳的昵称）总在我写作时给我带来冰激凌，伴随着微笑，亲吻我的额头。我希望她们喜欢我在本书中描绘的世界。此外，我还要由衷感谢多位朋友。

　　感谢我伟大的父亲和母亲，科里·梅森和罗莎恩·梅森，他们总是鼓励我，让我怀揣远大的梦想，在他们的客厅里，我完成了几百页文稿的撰写工作。感谢我的兄弟姐妹，出色的罗斯玛丽·梅森，在写作期间，她让我连续借住了几个星期的地下室，还要感谢科里·梅森和丽贝卡·梅森，我在高中模拟美洲国家组织比赛和模拟联合国上提出的让航天器着陆的想法，得到了他们的大力支持，他们一直在密歇根湖畔鼓励着我。

感谢威尔康奈尔医学院梅森实验室的所有帮助过我的同事，生理学和生物物理学系主任哈雷尔·温斯坦博士，劳里·格利姆彻博士和奥古斯丁—崔博士，他们作为院长，让我坚定了信心。感谢 Matthew State 博士、Murat Gunel 博士、Rick Lifton 博士，在他们的指导下，我完成了与博士后有关的研究。凯文·怀特博士是我在耶鲁大学的论文导师，现在是 Tempus 的一员。乔尔·杜德利博士是我多年的朋友，也是许多公司的共同创始人，本书的很多想法都是在他的启发下形成的。埃里克·莱夫科夫斯基（Eric Lefkofsky）是一个很有远见的人，推动着我实现更大的梦想。我还要感谢 Onegevity/Aevum 的 Paul Jacobson、Bodi Zhang、Laura Kunces、Sarah Pesce、Nathan Price、Lee Hood、John Earls、Nate Rickard，以及来自 Biotia 的 Niamh O'Hara 博士和 Dorottya Nagy-Szakal 博士，他们都是出色的生命科学工程师。Yoav Gilad 博士的口头禅是"最好的永远是不够的"，他总是激励我更努力地工作。Zareen Gauhar 博士就像我的双胞胎兄弟，他告诉我万物都具备内在美。我与乔治·丘奇博士和吴婷博士共同度过了多个夜晚，我们共用晚餐，一起在会议上讨论种种最终构成本书的观点。

感谢 Craig Kundrot 博士、John Charles、Jenn Fogarty、Afshin Beheshti、Marisa Covington、Mark Kelly、Scott Kelly，以及 NASA 的 Chuck Lloyd，他们总会抽出时间和我一起吃午饭，与我共同思考书中的设想。当然，我还要感谢斯科特·凯利和马克·凯利，直到今天，他们都是出色的合作伙伴。此外，实验室的 NASA 双胞胎研究团队非常出色，特别是弗朗辛·加勒特·巴克尔曼（Francine Garrett Bakelman）、塞姆·梅丹（Cem Meydan）、马修·麦凯（Matthew MacKay）、丹妮拉·贝兹丹（Daniela Bezdan）、易卜拉欣·阿夫辛内库（Ebrahim Afshinnekoo），以及多位首席研究员和共同研究员，包括 Drs. Susan Bailey、Mathias Basner、Andrew Feinberg、Stuart Lee、Emmanuel Mignot、Brinda Rana、Scott Smith、Michael Snyder、Fred Turek，其中，很多人都参与了目前的研究和下一次的任务。在 Ari Melnick 的影响下，我更加热爱表观遗传学了。此外，我还要感谢 Stacy Horner、Alexa McIntyre、Nandan Gokhale，他们在圣诞假期坚持工作，整理了关于线粒体引物和 MeRIP 的数据，总是激励我成为一个更优秀的科学家。感谢 Conan 和 Tammy Cecconie，Dan 和 Stacey Poulsen，我曾在他们的厨房里写作，我还与他们展开了有关伦理问题的讨论。感谢 Joe Martinelli 博士、Scott Repa，Scott Honsberger（IMSA），来自华盛顿大学麦迪逊分校的 Max Lagally 博士、Lloyd Smith 博士。最后，我要感谢 Jack Balkin、Eddan Katz、Mike Seringhaus，以及耶鲁大学法学院信息社会项目（ISP）的所有人，从 2005 年至今，感谢他们在伦理和法律方面为我提供的帮助。

　　好的计划需要强有力的支持。从我们第一次见面开始，Igor Tulchinsky 一直支持着我的研究，与我进行了许多有趣的讨论，本书的很多想法也由此而生，我对他和 WorldQuant 提供的帮助感激不尽。潘兴基金会的比尔·阿克曼和奥利维亚弗莱托对我们的实验室充满信心，对此，我的感激之情难以言表。

版权贸易合同登记号　图字：01-2021-6664

图书在版编目（CIP）数据

未来 500 年：迈向太空的生命工程之旅 /（美）克里斯托弗·梅森（Christopher E.
Mason）著；何万青，何佳茗译. —北京：电子工业出版社，2022.4
书名原文：THE NEXT 500 YEARS: Engineering Life To Reach New Worlds
ISBN 978-7-121-43061-9

Ⅰ.①未…　Ⅱ.①克…　②何…　③何…　Ⅲ.①空间探索－普及读物　Ⅳ.①V11-49

中国版本图书馆 CIP 数据核字（2022）第 037762 号

责任编辑：黄　菲　　文字编辑：刘　甜
印　　　刷：北京联兴盛业印刷股份有限公司
装　　　订：北京联兴盛业印刷股份有限公司
出版发行：电子工业出版社
　　　　　北京市海淀区万寿路 173 信箱　　　邮编：100036
开　　本：720×1 000　1/16　印张：17.25　　字数：285 千字　　彩插：16
版　　次：2022 年 4 月第 1 版
印　　次：2022 年 4 月第 1 次印刷
定　　价：108.00 元

凡所购买电子工业出版社图书有缺损问题，请向购买书店调换。若书店售缺，请与本社发行部联系，联系及邮购电话：（010）88254888，88258888。
质量投诉请发邮件至 zlts@phei.com.cn，盗版侵权举报请发邮件至 dbqq@phei.com.cn。
本书咨询联系方式：1024004410（QQ）。